果园病虫害
防控一本通

葡萄病虫害
绿色防控彩色图谱

刘薇薇　刘永强　孔繁芳　王忠跃　编

中国农业出版社
北　京

图书在版编目（CIP）数据

葡萄病虫害绿色防控彩色图谱／刘薇薇等编．—北京：中国农业出版社，2020.1（2022.11重印）
（果园病虫害防控一本通）
ISBN 978-7-109-25222-6

Ⅰ．①葡…　Ⅱ．①刘…　Ⅲ．①葡萄－病虫害防治－图谱　Ⅳ．①S436.631-64

中国版本图书馆CIP数据核字（2019）第006663号

中国农业出版社出版
地址：北京市朝阳区麦子店街18号楼
邮编：100125
责任编辑：阎莎莎　张洪光
版式设计：王　晨　　责任校对：吴丽婷
印刷：北京中科印刷有限公司
版次：2020年1月第1版
印次：2022年11月北京第2次印刷
发行：新华书店北京发行所
开本：880 mm × 1230 mm　1/32
印张：5.25
字数：150千字
定价：45.00元

前　言

葡萄是世界上栽培面积最广的水果之一，其用途广泛，除了鲜食，还可以酿酒、制作葡萄干、榨汁和制作果醋等，无论是葡萄，还是其产品都深受大众喜爱。并且葡萄的营养和保健功能受到广泛关注，其中葡萄酒被称为人类十大健康饮品之一。葡萄产业的产业链条长，涉及种植业、生产加工、旅游和休闲、服务等，包含第一、二、三产业，可以与其他产业协同发展。

从历史角度看，人类在10 000年前的新石器时代就开始了葡萄酒酿造，葡萄的种植和利用一直伴随着人类的文明和进步。从葡萄产业的社会经济贡献率上看，许多国家，比如法国、澳大利亚、美国等，当然也包括我国，葡萄产业都是国家重要的经济组成部分。所以，葡萄产业在不同国家都得到了重视。

从种植面积上看，我国葡萄种植面积2016年达到1 014.4万亩*，是世界第二大葡萄种植国，仅次于西班牙（1 700万亩）；从葡萄产量上看，我国葡萄产

* 亩为非法定计量单位，15亩＝1公顷。全书同。——编者注

量世界第一，且自2000年之后我国一直是世界上最大的鲜食葡萄生产国，目前年人均鲜食葡萄量已经超过10千克；从种植范围上看，我国各行政区都有葡萄种植；从气候类型上看，我国葡萄种植跨越了6个气候带；从土壤类型上看，我国各种土壤类型都能成功种植葡萄。

虽然我国葡萄种植面积大、产量高，但葡萄种植过程中依然面临着许多困难。对于葡萄种植者，最高兴的是葡萄丰收后的喜悦和葡萄销售后鼓鼓的钱袋子，最头疼的是如何对付葡萄上的病虫害。怎样有效控制病虫害、生产安全优质的葡萄，一直是葡萄种植者最关心的问题。面对问题和困难，最直接和最有效的解决途径，就是种植者自己能够熟悉病虫害防控相关知识、掌握防控技术。中国农业科学院植物保护研究所葡萄病虫害研究中心不但一直致力于研发葡萄病虫害防控新技术，而且在葡萄病虫害知识的传播、葡萄病虫害防控技术的示范和推广上，也一直在努力。团队中年轻的科研工作者们，在团队工作中、在中国农业科学院的科研环境中、在葡萄行业多位专家的关心和培养下不断成长。此次受中国农业出版社之邀，出版这本著作，既是他们服务于产业、服务于田间工作的总结，也是他们成长的阶梯。目的就是为广大葡萄种植者提供葡萄病虫害防控的知识和技术，以促进我国葡萄产业健康发展。

本书偏重于基层、偏重于实用，使用简单的语言、丰富的图片，阐述关键内容、实用技术，面向生产者、立足于田间、服务于生产，适合各葡萄产区的技术部门和葡萄生产者参考。

王忠跃

中国农业科学院植物保护研究所　研究员

国家葡萄产业技术体系葡萄病虫草害

防控研究室　主任

2019年3月26日

目　录

下篇 绿色防控技术

上　篇
葡萄病虫害

葡萄常见侵染性病害

葡萄霜霉病

症状：葡萄霜霉病可为害葡萄的任何绿色部分或组织，主要为害叶片。叶部发病初期出现细小、淡黄色、水渍状的斑点，之后叶正面出现黄色或褐色、不规则、边缘不明显的病斑，叶背面出现白色霜霉状物。霜霉病还可为害葡萄果梗、花梗、新梢、叶柄，最初形成浅色（浅黄色、黄色）水渍状斑点，之后发展为形状不规则的黄褐色或褐色病斑。霜霉病为害花蕾、花、幼果可造成落花落果。该病最容易识别的特征是在叶片背面、果实病斑、花序或果梗上产生白色的霜状霉层。

病原：葡萄生单轴霉[*Plasmopara viticola* (Berk. & M. A. Curtis) Berk. & de Toni]，属卵菌，是专性寄生菌。

发病规律：病原菌主要以卵孢子在落叶中越冬。在冬季温暖的地区或年份，以菌丝在芽或没有落的叶片上越冬。越冬后，当温度达到11℃时，卵孢子萌发，游动孢子通过雨水飞溅传播到葡萄上，成为春天的初传染源。孢子囊在水滴中萌发，释放游动孢子，并通过气孔和皮孔侵入寄主组织，经潜育期发病，又产生孢子囊，进行再侵染。低温高湿是葡萄霜霉病流行的适宜气候条件，在低温、少风、多雨、多雾或多露的情况下最适宜发病。夏季气温在22 ~ 27℃，连续阴雨，空气湿度达95%以上时，利于发病。

防治措施：新园区通过种条、种苗的消毒，可以保持多年不发生霜霉病。①加强葡萄园管理：人工去除病叶，实行避雨栽培。②药剂防治：a.保护性杀菌剂：80%福美双可湿性粉剂800倍液，在发芽前后及采收后使用；80%波尔多液可湿性粉剂（水胆矾石膏）400 ～ 800倍液，主要用于发病前的预防，也可以在发病后与治疗剂配合使用；25%吡唑醚菌酯悬浮剂2 000倍液，对霜霉病有较好的预防作用和一定的治疗作用，但在藤稔葡萄上，遇低温阴雨天不要使用，容易产生药害；80%代森锰锌可湿性粉剂800倍液，安全性好，花前、花后及小幼果期均可使用，耐雨性极好，特别适宜在雨水较多的地区或雨前使用；30%氧氯化铜悬浮剂（王铜）800 ～ 1 000倍液，发芽前后到花序分离期可以使用。b.内吸性杀菌剂：50%烯酰吗啉水分散粒剂2 000 ～ 3 000倍液、80%霜脲氰水分散粒剂2 000 ～ 4 000倍液，具渗透性，目前常见的是与代森锰锌复配的产品，治疗效果不明显，建议按照保护性杀菌剂使用；25%精甲霜灵可湿性粉剂1 500 ～ 2 000倍液，与保护性杀菌剂混合使用可减缓抗性产生，增加药效；72.2%霜霉威水剂600倍液、40%三乙膦酸铝可湿性粉剂（乙磷铝、疫霜灵）1 000 ～ 1 500倍液等。

葡萄霜霉病病叶
（哈尔滨试验站提供）

葡萄霜霉病病叶

葡萄霜霉病病叶正面
（张家口试验站提供）

葡萄霜霉病病果

葡萄霜霉病田间症状

葡萄霜霉病田间后期症状

葡萄炭疽病

症状：葡萄炭疽病主要为害果实，初期侵染穗轴、新枝蔓、叶柄、卷须等绿色组织。幼果期染病果粒表现为黑褐色、蝇粪状病斑；成熟期（或果实呼吸加强时）发病，初期为褐色圆形斑点，而后逐渐变大并开始凹陷，在病斑表面逐渐生长出轮纹状排列的小黑点（分生孢子盘），天气潮湿时，黑点变为红点（肉红色），这是炭疽病的典型症状，后期病斑扩展到半个或整个果面，果粒软腐、脱落或逐渐干缩形成僵果。

病原：胶孢炭疽菌[*Colletotrichum gloeosporioides* (Penz.) Penz. & Sacc.]和尖孢炭疽菌(*Colletotrichum acutatum*)，属真菌。

发病规律：病菌主要以菌丝在当年的绿色枝条（一般是结果母枝）上越冬，残留在葡萄园内的病果穗、穗轴、卷须、叶柄等，也是病原菌越冬的场所，成为第二年初浸染菌源。带病菌的枝条被水湿润后，开始形成分生孢子盘和分生孢子，孢子的形成与温度有关，10 ~ 35℃下形成，最适温度为25 ~ 28℃。

防治方法：①注意田间卫生：花前、花后规范使用杀菌剂，对果穗、果粒提供特殊的保护，尤其是开花前后有雨水的葡萄种植区，套袋技术对炭疽病的发生也起到一定的抑制作用。②药剂防治：a.50%嘧菌酯·福美双可湿性粉剂1 500倍液、80%波尔多液可湿性粉剂（水胆矾石膏）600 ~ 800倍液、42%代森锰锌悬浮剂600 ~ 800倍液、25%吡唑醚菌酯悬浮剂2 000 ~ 4 000倍液、30%氧氯化铜悬浮剂（王铜）800 ~ 1 000倍液等，在花序分离到开花前使用，对葡萄炭疽病有较好的预防或抑制作用。b.10%美铵水剂600 ～ 800倍液，对葡萄炭疽病防治效果较好，分解快，不污染果面，但持效期短，间隔3 ～ 4天用1次；20%苯醚甲环唑水分散粒剂3 000 ～ 5 000倍液，花后幼果期施用，对幼果安全，不影响果粉，防治炭疽病的同时兼治白腐病；22%抑霉唑水乳剂1 500倍液＋25%嘧菌酯悬浮液1 500倍液＋40%咯菌腈悬浮剂4 000倍液，主要用于套袋前果穗处理，可有效防控葡萄炭疽病，兼治灰霉病；80%戊唑醇可湿性粉剂6 000 ～ 10 000倍液，该药有轻微的抑制生长作用，早期只能低浓度喷施，但炭疽病发生严重时，可以用3 000倍液进行紧急救治。

葡萄炭疽病病果
（引自王忠跃，2009）

葡萄炭疽病病果
（北京试验站提供）

葡 萄 白 粉 病

症状：葡萄白粉病可以为害叶片、果实、枝蔓等所有绿色部分，幼嫩组织易受侵染和为害。叶片受害后，先在叶片正面产生灰白色没有明显边缘的“油性”病斑，上面覆盖有粉状物，严重时整个叶片都覆盖有灰白色的粉状物，包括叶片的背面（一般正面多、背面少）。花序发病，花序梗受害部位开始颜色变黄，而后花序梗发脆，容易折断。穗轴、果梗、枝条发病，出现不规则的褐色或黑褐色斑，羽纹状向外延伸，表面覆盖白色粉状物。果实发病时，表面产生灰白色粉状霉层，用手擦去白色粉状物，能看到在果实的皮层上有褐色或紫褐色的网状花纹。

病原：有性型为葡萄钩丝壳菌［*Uncinula necator* (Schwein.) Burr.］，无性型为托氏葡萄粉孢霉（*Oidium tuckeri* Berk），属真菌。

发病规律：病菌主要以菌丝体在被害组织内或芽鳞间越冬，第二年春天芽开始萌动后，菌丝体和闭囊壳分别产生分生孢子和子囊孢子，分生孢子、子囊孢子借助风和昆虫传播到刚发芽的幼嫩组织上。对于芽鳞间有菌丝体越冬的，芽开始活动或生长时，病菌也活动、生长，发芽后即成为病芽、病梢，然后产生分生孢子再传播侵染。

防治方法：应保持良好的田间卫生，注意病组织（枝条、叶、果穗、卷须）的清理，减少越冬病原菌的数量。开花前、后，结合其他病虫害的防治，使用药剂控制白粉病病菌数量。果实生长中后期，对田间白粉病的发生情况进行监测，当白粉病发生比较普遍，或可能对生产造成影响时，使用药剂，控制为害。葡萄园常用防控白粉病的药剂及用量：石硫合剂（萌芽前3 ～ 5波美度，生长期在低于30℃时0.3波美度）、50%福美双·嘧菌酯可湿性粉剂1 500倍液、37%苯醚甲环唑水分散粒剂3 000 ～ 5 000倍液等。

葡萄白粉病病叶
（北京试验站提供）

葡萄白粉病病叶
（杭州试验站提供）

葡萄白粉病病果
（豫东试验站提供）

葡萄白粉病症状

葡萄灰霉病

症状：在我国，葡萄花期和成熟期是灰霉病发生的两个重要时期，在晚春和花期，叶片被侵染后会形成大的病斑，一般在叶片边缘、比较薄的地方，病斑为红褐色不规则形。病菌可以侵染花序，造成腐烂或干枯而后脱落。成熟期，灰霉病病菌可以通过表皮和伤口直接侵入果实。白色品种被侵染，果粒变成褐色；有色品种被侵染，果粒变成红色。

病原：有性型为富氏葡萄孢盘菌（*Botryotinia fuckeliana*），无性型为灰葡萄孢（*Botrytis cinerea* Pers.），属真菌。

发病规律：据资料记载，该病菌在有些地区以秋季在枝条上形成的菌核越冬，有些地区以菌丝在树皮和休眠芽上越冬。一般两种越冬形式都存在，越冬后的菌核和菌丝，在春天产生分生孢子，作为春季的侵染源。分生孢子萌发的最适合温度是18℃，但要求90%以上的湿度或有水分存在。分生孢子萌发后，可以通过部分感病葡萄品种的表皮直接侵入。如果有伤口存在，比如虫害、白粉病、冰雹、鸟害等造成的伤口，会加速和促进葡萄灰霉病的侵染和发病。

防治方法：①搞好田间卫生，把病果粒、病果梗和穗轴、病枝条收集到一起，及时清理出田间，集中处理。②选种抗病品种，增加葡萄园通透性，减少液态肥料喷淋对该病具有控制作用。③药剂防治：防治灰霉病的关键期主要为花期前后、封穗期及转色后，常用的药剂有50%嘧菌酯·福美双可湿性粉剂1 500倍液、50%腐霉利可湿性粉剂600倍液、50%异菌脲可湿性粉剂

500～600倍液。果实采收前，可喷洒一些生物农药，如60%噻菌灵可湿性粉剂100倍液、10%多抗霉素可湿性粉剂600倍液等。

葡萄灰霉病果穗症状
（安徽试验站提供）

葡萄灰霉病病果
（福州试验站提供）

葡萄灰霉病病果
（豫东试验站提供）

葡萄灰霉病病果
（元谋试验站提供）

葡萄灰霉病叶片症状
（福州试验站提供）

葡萄灰霉病枝条症状
（南疆试验站提供）

葡萄白腐病

症状：葡萄白腐病主要为害葡萄穗轴、果粒、枝蔓，也为害叶片，但常见症状是在果穗。一般穗轴和果梗先发病，而后侵染果实。果梗或穗轴被侵染，首先出现浅褐色、边缘不规则的水渍状病斑，以后向上、下蔓延。果粒从果梗基部（果刷）发病，表现为淡色软腐，整个果粒没有光泽；而后全粒变为淡淡的蓝色透粉红的软腐；而后出现褐色小脓包状突起，在表皮下形成小粒点（分生孢子器），但不突破表皮。白腐病一般为害没有木质化的枝条，所以当年的新蔓易受害，枝蔓受害形成溃疡型病斑。

病原：白腐垫壳孢[*Coniella diplodiella* (Speg.)Petrak & Sydow]，属真菌。

发病规律：病菌在侵染循环中有两个截然不同的阶段，即比较短的寄生阶段和在土壤中比较长的休眠阶段。病菌以分生孢子或分生孢子器存在于土壤中，雨水和冰雹造成的泥水飞溅、农业操作造成的尘土飞扬，都会把分生孢子传播到果穗上。病菌的分生孢子侵入果实需要通过伤口，冰雹造成的伤口最容易引起侵染。得病的枝条、果梗、穗轴、果粒等散落田间，会成为田间的传染源。散落田间后病菌开始了一个比较长的休眠期。

防治方法：要做好葡萄园清洁工作。田间管理措施频繁造成伤口（例如频繁摘除副梢）时，尤其有雨水或露水未干时造成大量伤口，应该在产生伤口后尽快施用一次药剂，如50%福美双可湿性粉剂1 500倍液＋20%苯醚甲环唑悬浮剂3 000倍液。如果果园普遍出现白腐病，首先剪除病粒、病穗等，而后用40%氟硅唑乳油8 000 ～ 10 000倍液与37%苯醚甲环唑水分散粒剂3 000 ～ 5 000倍液或22%抑霉唑微乳剂1 500倍液联合使用处理果穗。

葡萄白腐病果粒症状
（引自王忠跃，2009）

葡萄白腐病枝条症状
（引自王忠跃，2009）

葡萄白腐病叶片症状

葡萄酸腐病

症状：葡萄酸腐病主要在葡萄转色至成熟期为害果实。发病初期果粒表面出现褐色水渍状斑点或条纹，随着褐色斑点的不断扩大，果粒开始变软，果肉变酸并腐烂，且有大量汁液从伤口流出。如果是套袋葡萄，在果袋的下方有一片深色湿润（俗称“尿袋”）。果穗有醋酸味，发病严重时整个果园都有醋酸味弥漫，烂果内可见灰白色的小蛆，果粒腐烂后，腐烂的汁液流出，会造成汁液流过的地方（果实、果梗、穗轴等）腐烂，最后整穗葡萄腐烂。果粒腐烂后，汁液流出，只剩果皮和种子。

病因：酸腐病为一种综合性病害，也是一种二次侵染造成的病害，即先由各种原因造成果面伤口（冰雹、裂果、鸟害等），然后由醋蝇取食、产卵，醋蝇把醋酸菌和酵母菌带到伤口周围，联合作用造成果粒腐烂。

发病规律：葡萄酸腐病属于二次侵染病害。经常和其他病害如灰霉病、白腐病等混合发生。醋酸菌、酵母菌从机械损伤（如冰雹、风、蜂、鸟等）造成的伤口进入浆果，伤口成为真菌和细菌存活、繁殖的初始因素，同时可以引诱醋蝇产卵。醋蝇在爬行、产卵的过程中传播虫体上携带的细菌，并通过幼虫取食、酵母及醋酸菌的繁殖等造成果粒腐烂，从而导致葡萄酸腐病的大发生。

防治方法：选用抗病品种，加强果园管理，改善架面通风透光条件，合理疏花疏果。防止鸟类为害，减少伤口出现。积极防治果实白粉病、日灼病、气灼病等病害，适时套袋，以减少果面伤口。利用化学药剂防治，如利用波尔多液和杀虫剂配合使用，可有效控制酸腐病，也可以通过诱杀果蝇防控酸腐病，使用的药剂为10%吡丙醚（醋蝇诱杀剂）500 ~ 800倍液+10%高效氯氰菊酯乳油500倍液，但吡丙醚对蚕高毒（不吐丝、不化蛹），严禁在毗邻养蚕的区域使用。

葡萄酸腐病症状

葡萄根癌病

症状：葡萄根癌病是一种细菌性病害，系统侵染，不但在靠近土壤的根部、靠近地面的枝蔓出现症状，还能在枝蔓和主根的任何位置发现病症，但是主要发生在根颈部或二年生以上的枝蔓上以及嫁接苗的接口处。发病初期，发病部位形成稍带绿色和乳白色粗皮状的癌瘤，质地柔软，表面光滑。随着瘤体的长大，逐渐变为深褐色，质地变硬，表面粗糙，大小不一，有的数十个瘤簇生成大瘤，严重时整个主根变成一个大瘤状。老熟病瘤表面龟裂，在阴雨潮湿天气易腐烂脱落，并有腥臭味。如葡萄苗木和幼树得病，一般会在嫁接部位周围形成癌肿，随着树龄的增加，在主枝、侧枝、结果母枝、新梢处也形成癌肿，但根部极少形成。受害植株由于皮层及输导组织被破坏，树势衰弱、植株生长不良，严重时植株干枯死亡。

病原：葡萄根癌病是土壤杆菌属（*Agrobactium* spp.）细菌引起的一种世界性病害。根据生理生化性状将根癌土壤杆菌（*Agrobactium tumefaciens*）分为3个生物型：Ⅰ型、Ⅱ型、Ⅲ型。生物型不同，其寄主也不同，引起葡萄根癌病的主要是生物Ⅲ型。

发病规律：土壤杆菌主要在癌瘤组织的皮层内越冬，或当癌瘤组织腐烂破裂时，细菌混入土中也可越冬，土壤中的细菌能存活1年以上。该病菌主要通过剪口、机械伤口、虫伤、雹伤以及冻伤等各种伤口侵入植株，条件适宜时，在皮层组织内进行繁殖，不断刺激周围细胞加速分裂，形成肿瘤。病菌的潜育期从几周至1年以上，一般5月下旬开始发病，6月下旬至8月为发病高峰期，9月以后很少形成新瘤，该病在不同地区发生时间有差异。辽宁每年6 ~ 10月都有发生，8月发生最多。河北、山东、河南等地5月上旬开始发病，6 ~ 8月发病最快。

防治方法：苗木引进要经过严格检验检疫并对苗木进行消毒，刮除病残体集中处理，对刮除部位涂以石硫合剂清除菌源，加强肥水管理，增强树势，提高抗（耐）病力，减少冻害和伤口。加强土壤和苗木的消毒、应用抗性品种可有效预防和控制根癌病，也可进行生物防治，如放射土壤杆菌HLB-2 、E26 、MI15农杆菌素等。

葡萄根癌病果实症状

葡萄根癌病根颈部症状

葡萄根癌病近地面枝蔓症状

葡萄溃疡病

症状：葡萄溃疡病可为害葡萄果实、枝条，引起树势衰弱甚至死亡。为害果实表现为果实腐烂与落粒，转色期果实开始出现症状，穗轴出现黑褐色病斑，向下发展引起果梗干枯致使果实腐烂脱落，有时果实不脱落，逐渐干缩；在田间还观察到大量当年生枝条出现灰白色梭形病斑，病斑上着生许多黑色小点，横切病枝条维管束变褐，尤其是分枝处和节间处比较普遍。

病原：主要由葡萄座腔菌属（*Botryosphaeria* sp.）真菌引起，在我国引起葡萄溃疡病的病原菌种主要是*Botryosphaeria dothidea*和*Botryosphaeria rhodina*。

发病规律：病菌可以在病枝条、病果等病组织上越冬越夏。在适宜的条件下，分生孢子可以通过气流传播到果园的任一部位，或通过水流或雨滴飞溅、灌溉水进行传播。病菌主要通过修剪枝条产生的伤口进行侵染，树势弱、负载量大的葡萄园易感病。

防治方法：及时清除田间病组织并集中销毁。加强栽培管理，严格控制产量，科学管理肥水，提高树势，增强植株抗病力。剪除病枝条后或疏果后及时对剪口进行药剂处理，常用的药剂有：50%福美双可湿性粉剂1 500倍液、70%百菌清可湿性粉剂800倍液或40%氟硅唑乳油1 500倍液。

葡萄溃疡病果穗症状

葡萄溃疡病枝条症状

葡萄溃疡病穗轴症状

葡萄黑痘病

症状：葡萄黑痘病为害葡萄植株的幼嫩绿色部分，包括叶片、果粒、穗轴、果梗、叶柄、新梢和卷须。叶片发病，形成近圆形或不规则形病斑。病斑直径1～5毫米，边缘红褐色或黑褐色。叶脉上的病斑呈菱形、凹陷，灰色或灰褐色，边缘为暗褐色。果粒受害呈褐色圆斑，病斑外部（边缘）颜色比较深，褐色、红褐色、暗褐色或紫色，类似鸟眼状，所以该病有时被称为“鸟眼病”。

病原：葡萄痂圆孢（*Sphaceloma ampelimum* de Bary），有性世代极少见，为葡萄痂囊腔菌[*Elsinaë ampelina* (de Bary) Shear]，属真菌。

发病规律：病菌主要以菌丝体潜伏于病蔓、病梢等组织越冬，也能在病果、病叶痕等部位越冬。翌年4～5月产生新的分生孢子，借风雨传播。孢子发芽后，芽管直接侵入幼叶或嫩梢，引起初次侵染。侵入后，菌丝主要在表皮下蔓延。以后在病部形成分生孢子盘，突破表皮，在湿度大的情况下，不断产生分生孢子，通过风雨和昆虫等传播，进行再侵染。长期多雨高湿有利于病菌的生长发育；同时多雨高湿下有利于葡萄叶、果、梢等绿色幼嫩组织的生长，发病严重。

防治方法：注意田间卫生，黑痘病的初侵染源主要来自病残体上的越冬病菌，因此，必须仔细做好清园工作，以减少初侵染的菌源数量。利用抗病品种，欧美杂交葡萄品种对黑痘病的抗性普遍较强。加强田间管理，及时整枝、清理病枝病蔓和套袋。根据发病规律和田间具体情况进行药剂防治。

葡萄黑痘病枝条症状
（杭州试验站提供）

葡萄黑痘病叶片症状
（杭州试验站提供）

葡萄黑痘病果穗症状
（武汉试验站提供）

葡 萄 褐 斑 病

症状：葡萄褐斑病仅为害葡萄叶片，症状有两种：其一为大褐斑病，初期在叶片表面产生许多近圆形、多角形或不规则形的褐色小斑点，以后病斑逐渐扩大，常连成不规则形大斑，直径可达2厘米以上，病斑中部呈黑褐色，边缘褐色，病健部分分界明显；其二为小褐斑病，病斑较小，直径2～3毫米，大小较一致，呈深褐色，中部颜色稍浅，后期病斑背面长出一层明显的褐色霉状物。

病原：大褐斑病病原为葡萄假尾孢［*Phaeoisariopsis vitis* (Lev.) Sawada.］，小褐斑病病原为座束梗尾孢［*Cercospora roseleri* (Caff.) Sace.］，属真菌。

发病规律：病菌以菌丝体和分生孢子在落叶上越冬，至第二年初夏长出新的分生孢子梗，产生分生孢子，分生孢子通过气流和雨水传播，引起初侵染。分生孢子发芽后从叶背气孔侵入，发病通常自植株下部叶片开始，逐渐向上蔓延。病菌侵入寄主后，经过一段时期，于环境条件适宜时，产生第二批分生孢子，引起再次侵染，造成陆续发病。直至秋末，病菌又在落叶病组织内越冬。分生孢子萌发和菌丝体在寄主体内发展需要高湿和比较高的温度，所以在葡萄生长中后期雨水较多时，褐斑病容易发生和流行。

防治方法：①清园措施：秋后彻底清扫果园落叶，以消灭越冬菌源。②栽培措施：加强葡萄的水、肥管理，合适的密度、健壮的叶片是防控褐斑病的基础。③药剂防治：尤其是在感病品种上或适宜褐斑病发生的气象条件下使用，是防控褐斑病的必要措施。可用75%百菌清可湿性粉剂800倍液、25%嘧菌酯悬浮剂1 500倍液、70%甲基硫菌灵可湿性粉剂1 000倍液、42%代森锰锌悬浮剂600倍液。

葡萄褐斑病病叶
（引自王忠跃，2009）

葡萄褐斑病病叶
（陈谦提供）

葡 萄 房 枯 病

症状：葡萄房枯病主要为害葡萄果梗、果粒和穗轴，严重时也可以为害叶片。果梗基部首先表现症状，呈深红色，边缘有褐色至暗褐色的晕圈。果粒发病最初从果蒂部分失水萎蔫，出现不规则的褐色病斑，逐渐扩大到全果，使果粒变紫变黑，失水干缩后，成为僵果，并在果粒表面长出稀疏的小黑点，即病菌的分生孢子器。叶片发病时，出现圆形小斑点，逐渐扩大后，病斑边缘呈褐色，中部灰白色，后期病斑中央散生有小黑点。

病原：有性型为葡萄囊孢壳菌（*Physalospora baccae* Cav.），异名浆果球座菌［*Guignardia baccae* (Cav)Tr-cz.］，无性型为葡萄房枯大茎点霉［*Macrophoma faocid*a (Via. et Rav.) Cav.］，属真菌。

发病规律：病菌适应性较强，多以分生孢子器和子囊壳在病果或病叶上越冬，少量以菌丝体在病果、病叶等残体上越冬。春季，当温度适宜时，病菌释放出大量的分生孢子或子囊孢子，随气流、雨滴或昆虫传播，引起初侵染。初侵染所致病斑不久又会产生分生孢子，进行再侵染。条件适宜时，该病菌可在一个生长季节内进行多次再侵染。该病属于高温、高湿型病害，在适宜的温度条件下，多雨、潮湿环境易引起病害流行。

防治方法：消灭越冬病源，结合冬季修剪清除留在植株和支架上的副梢、穗轴、卷须、僵果等，把落地的枯枝、落叶彻底清除烧毁或深埋。加强田间管理，及时绑蔓、摘心及去除副梢，创造通风透光条件。药剂防治可参考葡萄白腐病。

葡萄房枯病病果
（陈谦提供）

葡萄蔓割病

症状：葡萄蔓割病多发生在二年生以上的枝蔓上，也可以为害叶片、叶柄和果实。枝蔓受侵染后，侵染部位显示红褐色或淡褐色不规则病斑，稍凹陷，后期病斑扩大呈梭形或椭圆形，暗褐色。病部枝蔓纵向开裂是此病最典型的特征，在病斑上产生黑色小粒点，即病原菌的分生孢子器。天气潮湿时，小粒点上溢出白色至黄色黏质胶状物，即病菌的分生孢子团。果粒受害后，在果面上出现暗褐色不规则斑点，病斑扩大后引起果实腐烂，后期病果表面密生黑色小颗粒，即病菌的分生孢子器。新梢、叶柄或卷须发病后，初期产生暗褐色、不规则小斑，病斑扩大后，病组织由暗褐色变为黑色条斑或不规则大斑，后期组织变硬、变脆。

病原：有性型为葡萄生小隐孢壳［*Cryptosporella viticola* (Red.) Shear.］，无性型为葡萄生壳梭孢（*Fusicoccum viticolum* Redd.），属真菌。

发病规律：病菌主要以分生孢子器或菌丝体在病组织、树皮和芽鳞内越冬。春天，空气潮湿时，分生孢子器吸湿后，从孔口释放出分生孢子，借风雨或昆虫媒介传播到寄主上，开始初次侵染。春秋冷凉、连续降雨、高湿和伤口是病害流行的主要条件。

防治方法：①加强管理：繁殖材料消毒。剪刮病蔓，清除菌源。加强果园管理，增强树体的抗病性。②药剂防治：葡萄发芽前，可喷一次石硫合剂；春末夏初，对老枝蔓的茎部喷

1～2次铜制剂；生长期可喷施50%多菌灵可湿性粉剂800倍液；落叶休眠后至埋土防寒前用50%福美双可湿性粉剂400～600倍液。

葡萄蔓割病症状
（陈谦提供）

葡萄枝枯病

症状：葡萄枝枯病主要为害葡萄枝蔓，严重时也为害穗轴、果实和叶片。枝蔓受害出现长椭圆形或纺锤形条斑，病斑黑褐色，枝蔓表面病组织有时纵裂，木质部出现暗褐色坏死，维管束变褐；新梢染病，易造成整个新梢干枯死亡；穗轴发病，最初为褐色斑点，随后扩展成长椭圆形大斑，严重时可造成全穗干枯；叶部病斑近圆形，严重时连成不规则大斑，果实上的病斑圆形或不规则形。

病原：盘多毛孢（*Pestalotia menezesiana* Bresadola et Torrey.），属真菌。

发病规律：病菌主要以菌丝体在葡萄的病枝、叶、果、穗轴等残体中越冬，也可以分生孢子潜伏在枝蔓、芽和卷须上越冬。第二年春季，当温度和湿度适宜时，在病残体上的病菌形成分生孢子盘，继而产生分生孢子。分生孢子借助气流、风雨传播，通过寄主的伤口侵入，经过潜育期2 ~ 5天后开始发病，引起初次侵染，以后在新的病斑上又形成分生孢子，进行再次侵染。多雨、潮湿天气及阴暗郁闭的葡萄架面和各种伤口是病害流行的关键因素。雹灾后或接触葡萄架铁丝部分的枝蔓易发病。氮肥施用过多，枝蔓幼嫩、架面郁闭易发病。

防治方法：①清除菌源：秋季结合修剪，将病枝蔓、病叶、病果穗等病残体彻底剪除。②果园管理：及时绑蔓，去除多余的副梢、卷须和叶片，保持架面通风透光，防止郁闭。严格控制氮肥使用量，适当增施农家肥和磷、钾肥。③药剂防治：防治葡萄炭疽病和白腐病的同时可兼治葡萄枝枯病，一般不进行特殊的药剂防治。

葡萄枝枯病根部症状

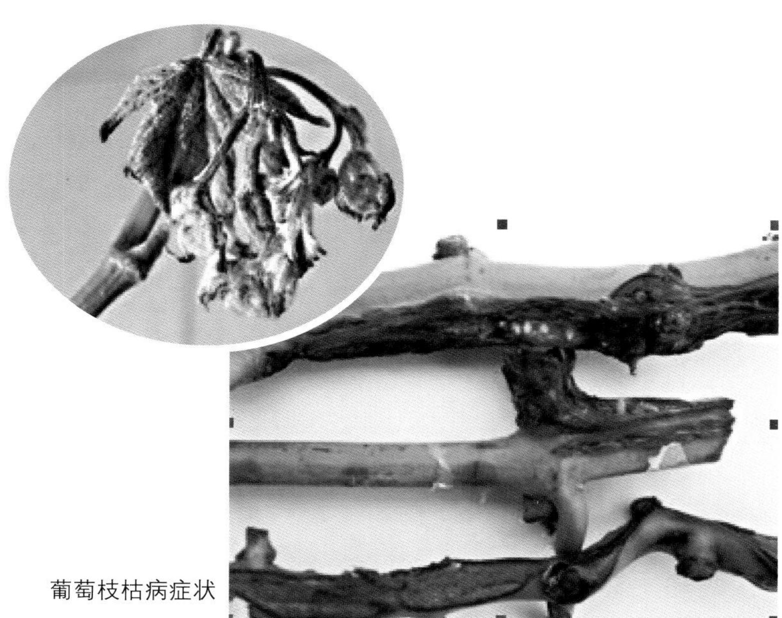

葡萄枝枯病症状

葡 萄 锈 病

症状：葡萄锈病主要为害叶片。叶片正面出现不规则的黄色小斑点或黄斑，周围水渍状，叶背面病斑产生锈黄色的夏孢子堆，严重时夏孢子堆布满整个叶背，叶背覆盖一层黄色至红褐色粉状物，即为病菌的夏孢子和夏孢子堆。秋季，病菌的黄色粉状物逐渐消失，在叶背面的表皮下出现暗褐色、多角形小粒点，即为病菌的冬孢子堆，表皮一般不破裂。有时在葡萄叶柄、嫩梢和穗轴上也可出现夏孢子堆。

病原：葡萄锈菌（*Phakopsora ampelopsidis* Diet. et Syd.），属真菌。

发病规律：病菌在寒冷地区以冬孢子越冬，在热带和亚热带地区可以夏孢子越冬。春季温度升高后，越冬的冬孢子萌发形成小孢子，随气流传播，侵染转主寄主［泡花树（青风藤科植物）、松树或柏树］，在其上形成性子器，后期在叶背面形成锈子腔和锈孢子；潜育期为7天左右，然后就开始发病，在病斑上形成夏孢子堆。夏孢子堆裂开散出大量夏孢子，通过气流传播到葡萄上，叶片上有水滴及温度适宜时，夏孢子长出芽孢，通过气孔侵入叶片，潜育期约1周。在生长季节适宜条件下可发生多次再侵染，至秋末又形成冬孢子堆。

防治方法：①选用抗病品种。②清洁田园，秋末冬初结合修剪，彻底清除病叶，集中销毁。③药剂防治：20%三唑酮乳油3 000倍液，20%苯醚甲环唑水分散粒剂3 000 ～ 4 000倍液，75%甲基硫菌灵可湿性粉剂1 000倍液，高温多雨季节前期使用，连续使用2 ～ 3次可以控制锈病。

葡萄锈病叶片症状
（夏声广提供）

葡萄常见生理性病害

营 养 失 衡 症

氮 素 失 衡 症

氮供应充足时，可以大大促进植株或群体的光合总产量。但若过量施氮，可使叶片生长和发育过速，叶片内的含氮量“稀释”，并增加其他元素相对缺乏的可能性；同时枝叶旺长导致相互遮阴，光合效率下降，且枝叶旺长消耗大量营养，果实成熟期推迟、着色差、风味淡，不利于储藏养分积累等，产生众多副作用。

氮素缺乏常表现为植株生长受阻、叶片失绿黄化、叶柄和穗轴呈粉红或红色等，氮在植物体内移动性强，可从老龄组织中转移至幼嫩组织中，因此，老叶通常会比幼叶早表现出缺素症状。

防治措施：在增施有机肥提高土壤肥力的基础上，葡萄生产上一般可在3个时期补充氮素，即萌芽期、末花期后、果实采收后。每亩施尿素30 ～ 40千克或相当氮素含量的其他氮素化肥。

氮素过量叶片颜色深，叶缘析出白盐状斑

氮素过量造成旺长

缺氮叶片早春发红

磷素失衡症

葡萄植株缺乏磷元素时表现为叶片较小、叶色暗绿、叶缘发红、花序小、果粒少、果实小、单果重小、产量低、果实成熟期推迟等，一般对生殖生长的影响早于营养生长。

防治措施：葡萄磷元素的补充以土壤施入为主，在增施有机肥的基础上，宜在花期前后和果实采收后施入适当化肥，可选用磷酸铵、磷酸二氢钾或含磷的果树专用肥料等。每亩施过磷酸钙10 ～ 15千克或相当磷素含量的其他磷肥。

叶片缺磷症状
（夏声广提供）

钾素失衡症

葡萄有“钾质植物”之称，在生长结实过程中对钾的需求量相对较大，缺钾时，常引起碳水化合物和氮代谢紊乱，蛋白质合成受阻，植株抗病力降低。枝条中部叶片表现扭曲，以后叶缘和叶脉间失绿变干，并逐渐由边缘向中间焦枯，叶片变脆，容易脱落。果实小、着色不良，成熟前容易落果，产量低、品质差。钾过量时可阻碍钙、镁、氮的吸收，果实易得生理性病害。

防治措施：葡萄钾元素的补充以土壤施入为主，在增施有机肥的基础上，宜在花期前后和果实采收后施入适当化肥，可选用硫酸钾或含钾的果树专用肥料等。每亩施入20千克硫酸钾或相当钾素含量的其他钾肥。

叶片缺钾症状

钙素失衡症

钙在植物体内移动性差，缺钙时新梢嫩叶上形成褪绿斑，叶尖及叶缘向下卷曲，几天后褪绿部分变成暗褐色，并形成枯斑。缺钙可使浆果硬度下降，储藏性差等。

葡萄缺钙常发生在酸度较高的土壤中，同时过多的钾、氮、镁供应也可以使植株出现缺钙症状。葡萄根系对钙的吸收主要集中在花期到转色期，吸收量占全年总量的60%。

防治措施：可增施有机肥，调节土壤pH，土壤施入硝酸钙或氧化钙，控制钾肥施入量，调节葡萄树体钾/钙比例。根据叶柄营养分析，使钾/钙比在1.2 ~ 1.5，如果高于此值，减少钾或增加钙。钙也可通过叶面喷肥加以补充，对缺钙严重的果园，一般可于葡萄生长前期、幼果膨大期、采前1个月叶面喷布钙肥，如硝酸钙、氯化钙等，浓度为以0.5%为宜。钙在葡萄体内移动性差，因此以少量多次喷布效果为佳。

叶片缺钙症状

硼素失衡症

葡萄缺硼时可抑制根尖和茎尖细胞分裂，使生长受阻，表现为植株矮小，枝蔓节间变短，副梢生长弱。叶片小、增厚、发脆、皱缩、向外弯曲，叶缘出现失绿黄斑，叶柄短、粗。根短、粗，肿胀并形成结，可出现纵裂。硼元素对花粉管伸长具有重要作用，缺乏时可导致开花时花冠不脱落或落花严重，花序干缩、枯萎，坐果率低，无种子的小粒果实增加。硼的吸收与灌溉有关，干旱条件不利于硼的吸收，雨水过多或灌溉过量易造成硼离子淋失，尤其是对于沙滩地葡萄园，由此造成的缺硼现象尤为明显。

防治措施：可在增施有机肥、改善土壤结构、注意适时适量灌水的基础上，在花前1周进行叶面喷硼，可喷21%保倍硼2 000倍液或0.3%硼酸（或硼砂）等，在幼果期可以增喷一次。在秋季叶面喷硼效果更佳，一是可以增加芽中硼元素含量，有利于消除早春缺硼症状，二是此时叶片耐性较强，可以适当增加喷施浓度而不易发生药害。在叶面喷肥的同时应注意土壤施硼，缺硼土壤施硼宜在每年秋季适量进行，每亩每年施入硼砂0.5千克，效果好于间隔几年一次大量施入。土壤施入时应注意施入均匀，以防局部过量而导致不良效果。

叶片缺硼症状

缺硼造成花序弯曲

缺硼引起大小粒

葡萄缺硼引起幼果结实不良
（谢永强提供）

锌素失衡症

缺锌时植株生长异常，新梢顶部叶片狭小，呈小叶状，枝条纤细，节间短。叶片叶绿素含量低，叶脉间失绿黄化，呈花叶状。果粒发育不整齐，无籽小果多，果穗大小粒现象严重，果实产量、品质下降。锌在土壤中移动性很差，在植物体中，当锌充足时，可以从老组织向新组织移动，但当锌缺乏时，则很难移动。栽植在沙质土壤、高pH土壤、含磷元素较多的土壤中的葡萄树易发生缺锌现象。

防治措施：可从增施有机肥等措施做起，补充树体锌元素最好的方法是叶面喷施。茎尖分析结果表明，补充锌的效果仅可持续20天，因此锌应用的最佳时期为盛花前2周到坐果期。可应用锌钙氨基酸、硫酸锌等。另外，在剪口上涂抹150克/升硫酸锌溶液可以起到增加果穗重、增强新梢生长势和提高叶柄中锌元素水平的作用。落叶前使用锌肥，可以增加锌的储备，对于解决锌缺乏问题效果非常显著。

缺锌造成大小粒

铁素失衡症

铁在植物体内不易移动，葡萄缺铁时首先表现的症状是幼叶失绿，叶片除叶脉保持绿色外，叶面黄化甚至白化，光合效率差，进一步出现新梢生长弱，花序黄化，花蕾脱落，坐果率低。葡萄缺铁常发生在冷湿条件下，此时铁离子在土壤中的移动性很差，不利于根系吸收。同时铁缺乏还常与土壤pH较高有关，在此条件下铁离子常呈不被植物所利用的形态。

防治措施：应从土壤改良着手，增施有机肥，防止土壤盐碱化和过分黏重，促进土壤中铁转化为植物可利用的形态。同时可采用叶面喷肥的方法对缺铁进行矫正，可在生长前期每7～10天喷一次螯合铁2 000倍液或0.2%硫酸亚铁溶液。铁缺的矫正通常需要多次进行才能收到良好效果。

缺铁造成黄化叶脉

严重缺铁影响植株生长

葡萄气灼病

症状：葡萄气灼病一般发生在幼果期，从落花后45天左右，至转色前均可发生，以幼果期至封穗期发生最为严重。首先表现为失水、凹陷、浅褐色小斑点，并迅速扩大为大面积病斑，整个过程基本上在2小时内完成。病斑面积一般占果粒面积的5%～30%，严重时一个果实上会有2～5个病斑，从而导致整个果粒干枯。病斑开始为浅黄褐色，而后颜色略变深并逐渐形成干疤（几个病斑的果实，整粒干枯形成“干果”）。病斑常发生在果粒近果梗的基部或果面的中上部，在果粒的侧面、底部也可发生。发生部位与阳光直射无关，在叶幕下的背阴部位，果穗的背阴部及套袋果穗上均会发生。如土壤湿度大（水浸泡一段时间后）、遇雨水（在葡萄粒上有水珠）后，若忽然高温，在有水珠的部位易出现气灼病。

发生原因与影响因素：气灼病是由于“生理水分失调”造成的生理性病害，与特殊气候、栽培管理条件密切相关。任何影响葡萄水分吸收、加大水分流失和蒸发的气候条件、田间操作，都会引起或加重气灼病的发生。一般情况下，连续阴雨后，土壤含水量长期处于饱和状态，天气转晴后的高温、闷热天气，易导致气灼病发生。这可能是由于根系被水长时间浸泡后功能降低，影响水分吸收；而高温下植株需要蒸腾作用调节体温，需要比较多的水分，植株需水与供水发生矛盾，导致水分生理失调而发生气灼病。

气灼病发生情况在品种间有差异，如红地球、龙眼、白牛奶等品种气灼病相对较易发生。葡萄套袋，尤其是套袋前大量疏果会引起或加重气灼病的发生。土壤通透性差（土壤黏重、长期被水浸泡）、土壤干旱、土壤有机质含量低，会引起或加重气灼病的发生。

防治措施：葡萄气灼病的防治，从根本上是保持水分的供求平衡。因此，防治气灼病要从保证根系吸收功能的正常发挥和水分的稳定供应入手。①首先要培养健壮、发达的根系，可采用增施有机肥来提高土壤通透性、调整负载量、防治根系和地上部病虫害等措施，有利于根系呼吸和根系功能正常，避免或减轻气灼病。②水分的供应，包括土壤水分供应和水分在葡萄体内的传导两个方面。在易发生气灼病的时期（大幼果期），尤其是套袋前后，要保持充足的水分供应。主蔓、枝条、穗轴、果柄出现病害时，会影响水分的传导，引起或加重气灼病的发生。尤其是穗轴、果柄的病害，如霜霉、灰霉、白粉等病害，及镰刀菌、链格孢为害，均影响水分传导。因此，花前花后病虫害的防治，尤其是花序和果穗的病害防治非常重要。③协调地上部和地下部的平衡关系。如果根系弱，要减少地上部分枝、叶、果的量，保持地上部和地下部的协调一致，可减轻和避免气灼病。

气灼病前期症状

气灼病中期症状

气灼病后期症状

葡萄日烧病

症状：葡萄日烧病是由阳光直接照射果实造成局部细胞失水而引起的一种生理性病害。发病初期果实阳面由绿色变为黄绿色，局部变白，继而出现火烧状褐色椭圆形或不规则形斑点，后期扩大形成褐色凹陷斑。病斑初期仅发生在果实表层，内部果肉不变色。

发生原因与影响因素：日烧病发生的直接原因是果实受到强光照，果面温度剧变，果实局部细胞失水受伤害而造成生理紊乱，其发生程度与葡萄品种、树势、果穗着生的部位和方位、

树体负载量等有关。据报道，红地球品种发病较重，而巨峰、户太8号、里扎马特等发病较轻；同一品种，树势较弱、枝叶量较少的树发病重；着生在植株西南方向的果穗发病较重；负载量大的植株发病重；棚架栽培葡萄发病较轻，而篱架栽培葡萄发病较重。

防治措施：最主要的措施是合理布置架面、注意选留果穗，尽量避免果实直接遭受日光照射，尤其是在架面西南方位更应注意果穗上方周围有适当的叶片；同时应注意在气温较高的时期，保证土壤供水；调整负载量，保证树势健壮。

对于容易发生日烧病的品种或植株生长部位，使用伞袋可以有效减少日烧病。日烧病虽属于生理性病害，没有传染性，但病果易感染杂菌并发其他病害，因此对已发生日烧的果实，应及时疏除。

日烧病症状

葡 萄 裂 果

症状：葡萄裂果主要发生在浆果近成熟期，表现为果皮开裂。裂果不仅影响果实的外观，而且会导致外源微生物的侵染，发生腐烂（酸腐病），严重降低果实的商品价值。

发生原因与影响因素：葡萄裂果一般是由于水分吸收不平衡而导致的果皮破裂，其发生的根本原因是葡萄果实在较长时间的干旱条件下突然大量吸水，引起果实含水量急剧增加，使果实皮层细胞的体积大幅度增加，而果实表皮细胞膨大较快造成果实内外生长失调而形成裂果。引起葡萄裂果的原因还有果穗粒间过于紧凑，后期因果实膨大而互相挤压造成裂果；病虫为害和机械损伤，使果皮受到一定的损害，进而降低了果皮抗内压的能力，也会导致裂果；药害造成的果皮伤害，导致果皮韧性减小，导致裂果等。影响葡萄裂果的主要因素有水分、土壤、品种、感染病害种类、栽培管理等。

防治措施：在易发生裂果的地区首先选种不易裂果的品种；栽培措施中应着重保持果实发育后期水分的供求平衡与水分供应的稳定性，防止土壤水分急剧变化；做好花果管理工作，通过疏穗、疏粒控制负载量和果粒着生状况；易裂果品种不使用乙烯利或赤霉素；注意落花后农药品种的科学选择和使用；加强病虫害防控，减少病虫为害导致的裂果。

葡萄裂果症状

葡萄果实大小粒

症状：葡萄成熟的果穗中有时会出现许多小粒果实，多数小粒果实不着色，但也有部分小粒果实可着色、成熟，一般小粒果实中没有种子，且没有商品价值。果穗中出现较多小粒果的现象称为果实大小粒，它不仅影响果穗整齐度，使外观品质下降，也对产量有较大的影响。果穗大小粒的出现是在果实第一次速长期时，有部分果实停止生长，果实体积不再增大，从而形成大小粒现象。

发生原因与影响因素：葡萄果实大小粒的形成主要与授粉受精不良和树体营养状况及生长势有关。良好的授粉受精可使葡萄果实在发育过程中成为生长中心，可调运营养，满足果实的迅速生长发育之需，如授粉受精不良，导致果实发育受阻而形成小果。葡萄前期如果生长势过于旺盛，营养生长过强，营养生长与生殖生长不平衡，花芽分化过程中性细胞分化不良，常加重果实大小粒现象。生产上前期若施氮肥过多、营养元素供应不平衡尤其是锌元素的缺乏、供水过多、修剪不合理等，易导致果实出现大小粒现象。

防治措施：合理修剪，调节树势。对新梢摘心时间和强度及副梢处理方式务必考虑品种特性，因品种而异。平衡施肥，控制氮肥施用量，对缺锌植株及时补充锌肥。花前或花期使用硼肥，促进授粉受精。合理灌溉，花前控制水分供应，减少枝梢旺长。及时进行花、穗管理，如修整果穗、掐穗尖、疏果等。

葡萄果实大小粒

葡萄常见害虫

葡 萄 根 瘤 蚜

葡萄根瘤蚜［*Daktulosphaira vitifoliae* (Fitch)］属半翅目球蚜总科根瘤蚜科。葡萄根瘤蚜起源于北美洲，19世纪后期传到欧洲，随后不断传播。世界上葡萄主产国仅智利宣称尚无根瘤蚜。葡萄根瘤蚜被我国列为检疫性害虫，在我国，疫区有陕西西安灞桥区、辽宁葫芦岛、上海市马陆镇、湖南省怀化地区。

识别特征：此虫可分为完整生活史和不完整生活史。完整生活史虫态：越冬卵→干母（若虫、无翅成蚜）→干雌（卵、若虫、无翅成蚜）→叶瘿型蚜虫（卵、若虫、无翅成蚜）→无翅根瘤型蚜虫（卵、若虫、无翅成蚜）→有翅蚜（性母）→性蚜（卵、成蚜）→越冬卵，以越冬卵越冬。不完整生活史虫态：无翅根瘤型蚜虫的卵→若虫→无翅成蚜→卵，以一龄若虫（或一龄若虫和卵）越冬。

卵：葡萄根瘤蚜的卵有越冬卵、干母产的卵、干雌产的卵、叶瘿型雌虫产的卵、根瘤型雌虫产的卵、产生有翅型蚜虫的卵、两性卵等类型。从形态上可以分为3个类型：越冬卵为性蚜交配后产的卵，比孤雌生殖的卵小，长约0.27毫米，宽约0.11毫米，呈橄榄绿色；孤雌生殖的卵包括干母成熟后产的卵、干雌产的卵、叶瘿型雌蚜虫产的卵、根瘤型雌蚜虫产的卵和产生有翅蚜的卵，形态基本一样，长约0.3毫米，宽约0.15毫米，初

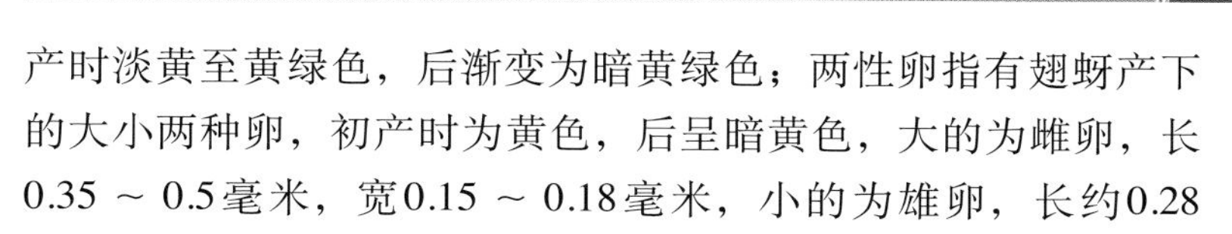

产时淡黄至黄绿色，后渐变为暗黄绿色；两性卵指有翅蚜产下的大小两种卵，初产时为黄色，后呈暗黄色，大的为雌卵，长0.35 ~ 0.5毫米，宽0.15 ~ 0.18毫米，小的为雄卵，长约0.28毫米，宽约0.14毫米。

干母：越冬卵孵化后叫干母，只能在叶片上形成虫瘿。成熟后无翅，孤雌卵生，产的卵孵化后叫干雌。干母产的卵，孵化后的若蚜与叶瘿型若蚜相似，成蚜与叶瘿型无翅成蚜一致。

根瘤型蚜虫：若虫共4龄。一龄若虫椭圆形，淡黄色；头、胸部大，腹部小；复眼红色；触角3节，直达腹末，端部有一感觉圈。二龄后体形变圆，眼、触角、喙及足分别与各型成虫相似。根瘤型无翅成蚜呈卵圆形，长1.15 ~ 1.5毫米，宽0.75 ~ 0.9毫米，淡黄色或黄褐色，无翅，无腹管；体背各节具灰黑色瘤，头部4个，各胸节6个，各腹节4个；胸、腹各节背面各具1横形深色大瘤状突起；在黑色瘤状突起上着生1 ~ 2根刺毛；复眼由3个小眼组成；触角3节，一、二节等长，第三节最长，其端部有1个圆形或椭圆形感觉器圈，末端有刺毛3根(个别个体具4根)。

叶瘿型蚜虫：若蚜与根瘤型类似，但体色比较浅。叶瘿型无翅成蚜体近圆形，无翅，无腹管，体长0.9 ~ 1毫米，与根瘤型无翅成蚜很相似，但个体较小，体背面各节无黑色瘤状突起，在各胸节腹面内侧有1对小型肉质突起。胸、腹各节两侧气门明显，触角末端有刺毛5根。

有翅蚜（有翅产性蚜，性母）：有翅蚜产的卵与根瘤型的卵没有区别。初龄若蚜同根瘤型的初龄若蚜一样，但二龄开始有区别。二龄时体较狭长，体背黑色瘤状突起明显，触角和胸足黑褐色；三龄时，胸部体侧有黑褐色翅芽，身体中部稍凹入，胸节腹面内侧各有1对肉质小突起，腹部膨大。若虫成熟时，胸部呈淡黄色半透明状。成虫体呈长椭圆形，长约0.9毫米，宽约0.45毫米；复眼由多个小眼组成，单眼3个；翅2对，前宽后窄，静止时平叠于体背（不同于一般有翅蚜的翅呈屋脊状覆于体背）；触角第三节有感觉器圈2个，1个在基部，近圆形，另1个在端部，长椭圆形；前翅翅痣长形，有中脉、肘脉和臀脉3根斜脉，后翅仅有1根脉（胫分脉）。

性蚜：性蚜的若蚜阶段是在卵内完成的，孵化后直接是成蚜。雌成蚜体长0.38毫米，宽0.16毫米，无口器和翅，黄褐色，复眼由3个小眼组成；雄成蚜体长0.31毫米，宽0.13毫米，无口器和翅，黄褐色，复眼由3个小眼组成。外生殖器孔头状，突出于腹部末端。雌、雄性蚜交配后产越冬卵。

生活习性：葡萄根瘤蚜主要为害根部，也可为害叶片。欧洲系葡萄只有根部被害，而美洲系葡萄和野生葡萄的根和叶都可被害。须根被害后肿胀，形成菱角形或鸟头状根瘤，蚜虫多在凹陷的一侧；侧根和大根被害后形成关节形的肿瘤，蚜虫多在肿瘤缝隙处。

防治方法：严格实行检疫措施，限制此虫的传播，苗木调运前和栽种前，进行消毒处理，消毒方法包括：①有机磷农药消毒：辛硫磷处理，使用50%辛硫磷乳油800～1 000倍液，浸泡枝条或苗木15分钟，捞出晾干后调运。②温水处理：水的温度在52～54℃下，浸泡枝条、根系5分钟。最好先在43～45℃的水中浸泡20～30分钟，然后再用52～54℃水处理。③疫区栽种抗虫砧木嫁接苗，结合吡虫啉灌根等综合措施。

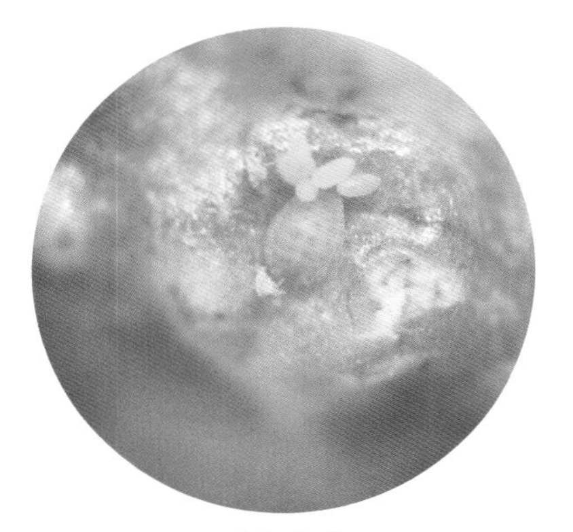

成蚜与卵
（张化阁提供）

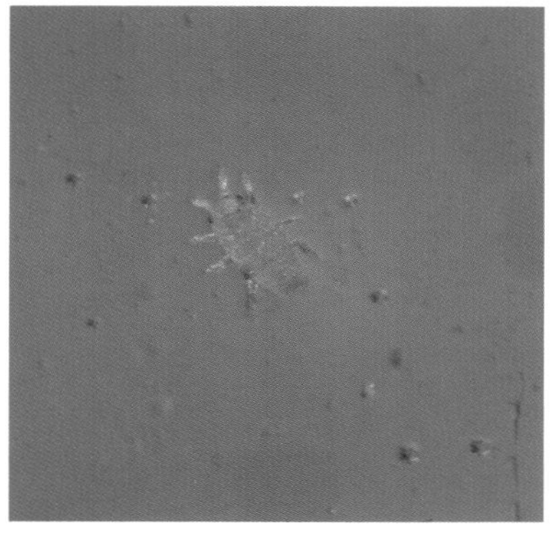

一龄若蚜
（董丹丹提供）

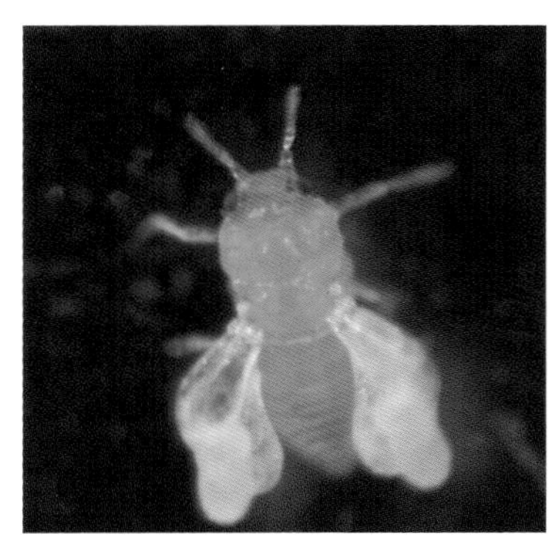

初羽化有翅蚜
（董丹丹提供）

叶瘿型葡萄根瘤蚜为害状
（白先进提供）

葡萄根瘤蚜为害造成树势衰弱
（引自王忠跃，2009）

葡萄斑叶蝉

葡萄斑叶蝉[*Erythroneura apicalis* (Nawa)]属半翅目叶蝉科。主要分布在我国新疆、甘肃、陕西、辽宁、北京、河北、山东、河南、湖北、安徽、江苏、浙江等省份葡萄产区。

识别特征：

成虫：体长2.9 ~ 3.3毫米。淡黄色，头顶上有两个明显的圆形斑点。复眼黑色，前缘有若干淡褐色小斑点，有时消失，中央有暗色纵纹。小盾片前缘左右各有1个三角形黑纹。腹部的腹节背面具黑褐色斑块。翅半透明，翅面斑纹大小变化很大，翅面颜色以黄色型居多。雄虫色深，尾部有三叉状交配器，黑色稍弯曲。雌虫色淡，尾部有黑色的桑葚状产卵器，其上有突起。

卵：长约0.6毫米，长椭圆形，呈弯曲状，乳白色，稍透明。

初孵若虫：体长0.5毫米，呈白色，复眼红色，二、三龄若虫呈黄白色，四龄体呈菱形，体长约2毫米，复眼暗褐色，胸部两侧可见明显翅芽。

生活习性：葡萄斑叶蝉以成虫在葡萄枝条老皮下、枯枝落叶、石块、石缝、杂草丛等隐蔽场所越冬，越冬前体色变为褐色、橘黄色、绿色或土黄色。越冬成虫离开越冬场所后，首先在梨、杏、桑、枣、白杨及榆树等树木上活动，但不产卵，4月中旬左右进入葡萄园为害。

防治措施：避免果园郁闭，合理布局，清洁田园卫生。黄板诱杀。药剂防治：25%噻虫嗪水分散粒剂10 000倍液、10%吡虫啉可湿性粉剂5 000倍液、25%吡蚜酮可湿性粉剂3 000倍液等，抓住两个关键时期，即发芽后和开花前用药。

若　虫
（引自王忠跃，2009）

初孵成虫
（引自王忠跃，2009）

成　虫
（郭庆提供）

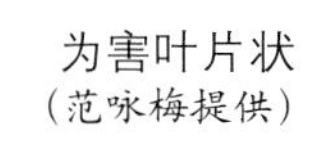

为害叶片状
（范咏梅提供）

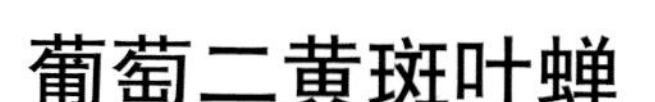

葡萄二黄斑叶蝉

葡萄二黄斑叶蝉（*Erythroneura* sp. Nawa）属半翅目叶蝉科。主要分布在我国新疆、甘肃、陕西、辽宁、北京、河北、山东、河南、湖北、安徽、江苏、浙江等省份葡萄产区。

识别特征：

成虫：体长约3毫米，头顶前缘有两个黑色小圆点，复眼黑或暗褐色，前胸背板中央具暗色条纹，前缘有3个黑褐色小斑点。小盾片淡黄白色，前缘左右各有1个较大的黑褐色斑点。前翅表面暗褐色，后缘各有近半圆形的淡黄色区两处，两翅合拢后在体背可形成两个近圆形的淡黄色斑纹。成虫颜色有变化，越冬前为红褐色。

卵：与葡萄斑叶蝉的卵相似。

末龄若虫：体长约1.6毫米，紫红色，触角、足体节间、背中线淡黄白色，体较短宽，腹末若干节向上方翘起。

生活习性：葡萄二黄斑叶蝉越冬成虫于4月中下旬产卵，5月中旬开始出现第一代若虫，5月底至6月上旬出现第一代成虫，以后世代重叠，第二代成虫以8月上中旬发生最多，以此代为害较盛，第三、四代成虫主要于9、10月发生，10月中下旬陆续越冬。除此之外，其他生活习性与葡萄斑叶蝉相似。

防治措施：参考葡萄斑叶蝉防治方法。

成　虫
（引自王忠跃，2009）

若虫及成虫
（陈谦提供）

绿　盲　蝽

绿盲蝽［*Lygocoris lucorum* (Meyer-Dur.)］属半翅目盲蝽科。绿盲蝽分布广泛，全国各地均普遍发生。

识别特征：

成虫：体长约5毫米，雌虫稍大，体绿色。复眼黑色，突出。触角4节，丝状，较短，约为体长的2/3。前胸背板深绿色，有许多黑色小刻点。小盾片三角形微突，黄绿色，中央具1浅纵纹。前翅膜片半透明，暗灰色，余绿色。

卵：长约1毫米，黄绿色，长口袋形，卵盖奶黄色。

若虫：共5龄，初孵时绿色，复眼桃红色。五龄若虫全体鲜绿色，触角淡黄色，端部色渐深，复眼灰色。

生活习性：1年发生3 ~ 5代，主要以卵在各种果树树皮内、芽眼间、枯枝断面、棉花枯断枝茎髓内及杂草或浅层土壤中越冬。3 ~ 4月越冬卵开始孵化，4月下旬，葡萄萌芽后即开始为害，5月上中旬展叶盛期为为害盛期，5月中下旬幼果期开始为害果粒。9月下旬至10月上旬产卵越冬。成虫飞翔能力强，若虫活泼，白天潜伏，稍受惊动，迅速爬迁，白天不易发现。主要于清晨和傍晚在芽、嫩叶及幼果上刺吸为害。成虫寿命较长，为30 ~ 40天，产卵具有趋嫩性，多产于幼芽、嫩叶、花蕾和幼果等组织内。

防治措施：清除葡萄园周围杂草，减少、切断绿盲蝽越冬虫源。早春葡萄萌芽前，全树喷施一遍3波美度石硫合剂，消灭越冬卵及初孵若虫。适时进行药剂防治，常用药剂有：2%阿维菌素乳油2 000 ~ 2 500倍液、50克/升氟氯氰菊酯乳油3 000 ~ 4 000倍液等。

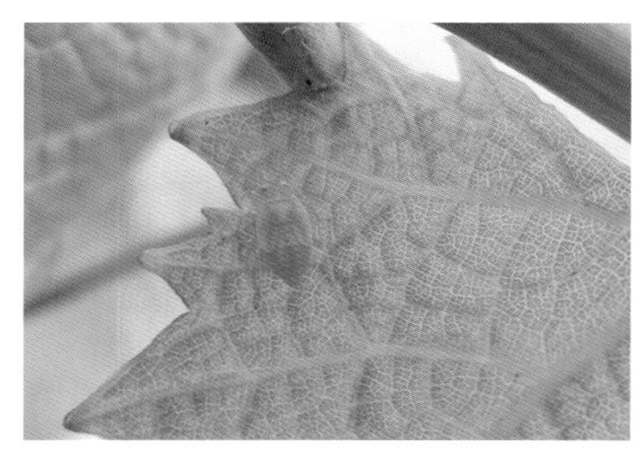

若　虫
（左家试验站提供）

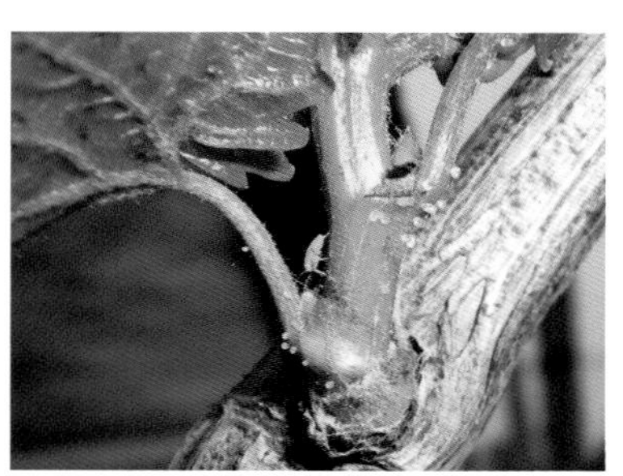

若　虫

成　虫
（北京试验站提供）

为害果实
（豫东试验站提供）

为害叶片
（合肥试验站提供）

叶片受害状

东 方 盔 蚧

东方盔蚧（*Parthenolecanium orientalis* Bourchs）属半翅目蚧总科坚蚧科。东方盔蚧在我国分布广泛，主要分布在河北、河南、山东、山西、江苏、青海等葡萄产区。

识别特征：

雌成虫：黄褐色或红褐色，扁椭圆形，体长3.5 ~ 6毫米，体宽3.5 ~ 4.5毫米，体背中央有4纵排断续的凹陷，凹陷内外形成5条隆脊。体背边缘的皱褶排列较规则，腹部末端具臀裂缝。

卵：长椭圆形，淡黄白色，长径0.5 ~ 0.6毫米，短径0.25毫米，近孵化时呈粉红色，卵上微覆蜡质白粉。

若虫：初龄若虫扁椭圆形，长径0.3毫米，淡黄色。触角和足发达，具有1对尾毛。三龄若虫黄褐色，形似雌成虫。

生活习性：东方盔蚧在葡萄上每年发生2代，以二龄若虫在枝蔓的裂缝、叶痕处或枝条的阴面越冬。翌年4月葡萄出土后，若虫开始爬至一至二年生枝条或叶上为害。第二代若虫8月孵化，中旬为盛期，仍先在叶上为害，9月蜕皮为二龄后转移到枝蔓越冬。

防治措施：杜绝虫源，注意不要采用带虫接穗，冬季清园，在葡萄埋土防寒前，清除枝蔓上的老粗皮，减少越冬虫口基数。生长季药剂防治，要抓住两个防治关键：一是4月上中旬，虫体开始膨大期；二是5月下旬至6月上旬第一代若虫孵化盛期。常用药剂：10%吡虫啉可湿性粉剂3 000倍液、480克/升毒死蜱乳油5 000倍液、2.5%高效氯氰菊酯乳油2 500倍液等喷雾防治。喷药时加入渗透剂，可提高防治效果。

成　虫
（引自王忠跃，2009）

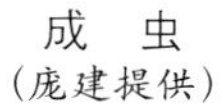

成　虫
（庞建提供）

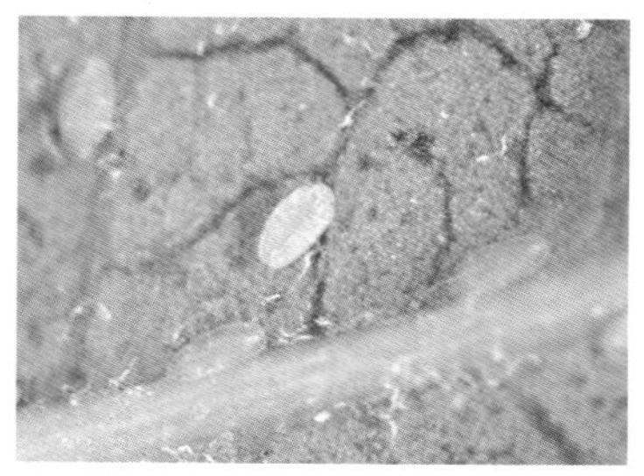

初孵若虫
（引自王忠跃，2009）

葡　萄　粉　蚧

葡萄粉蚧［*Pseudococcus maritimus* (Ehrhorn)］属半翅目蚧总科粉蚧科。该虫在我国新疆有发生。

识别特征：

成虫：雌成虫无翅，体软、椭圆形，体长4.5～5毫米，暗红色，腹部扁平，背部隆起，体节明显，体前部节间较宽，身披白色蜡粉，体周缘有17对锯齿状蜡毛。雄成虫体长1.1毫米左右，虫体暗红色。翅展约2毫米，白色透明，翅有2条翅脉，后翅退化成平衡棒。腹末有1对较长的白色针状蜡毛。

卵：暗红色、椭圆形，长约0.3毫米。

若虫：初孵若虫长椭圆形，暗红色，背部无白色蜡粉。二龄若虫体上逐渐形成蜡粉和体节，随着虫体的膨大蜡粉加厚。

生活习性：葡萄粉蚧在墨玉县葡萄园1年发生3代，以若虫在老蔓翘皮下、裂缝处和根基部的土壤内群集越冬。翌年3月中下旬葡萄出土后萌动时开始活动为害。5月中旬为第一代卵盛期，7月中旬为第二代卵盛期，9月中旬为第三代卵盛期，第二代和第三代有世代重叠现象。

防治措施：该害虫主要靠苗木、果实运输传播，因此，要加强检疫，防止扩散蔓延。加强葡萄园的管理，提高抗虫能力。冬季清园，减少越冬虫源。在5月中旬、7月中旬、9月中旬各代成虫产卵盛期人工刮去老皮，可消灭老皮下产的卵。越冬若虫开始活动为害期及一、二、三各代若虫孵化盛期及时用药控制。主要药剂有10%吡虫啉可湿性粉剂3 000倍液、480克/升毒死蜱乳油5 000倍液、2.5%高效氯氰菊酯乳油2 500倍液等。

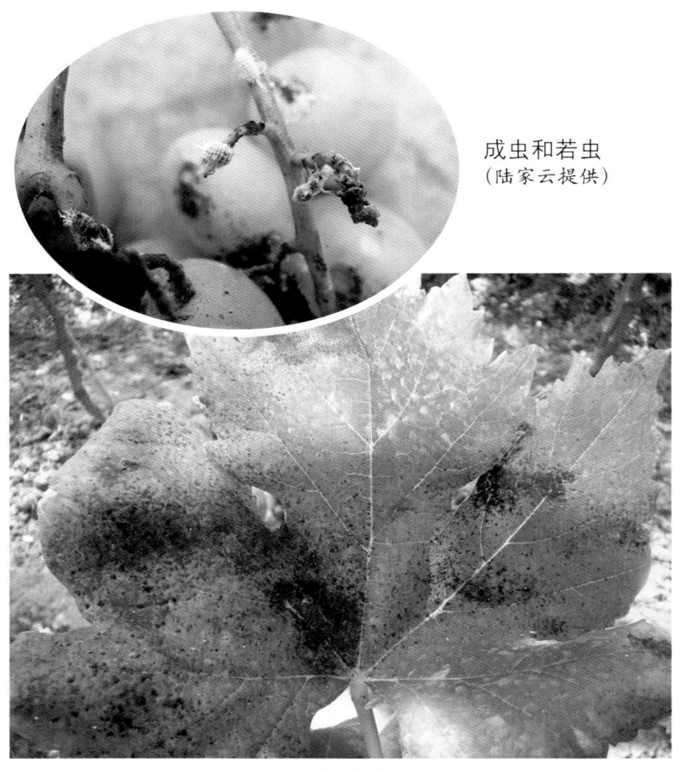

成虫和若虫
（陆家云提供）

为害叶片
（引自王忠跃，2009）

为害果实
（引自王忠跃，2009）

为害枝条
（引自王忠跃，2009）

葡萄透翅蛾

葡萄透翅蛾（*Paranthrene regalis* Butler）属鳞翅目透翅蛾科。葡萄透翅蛾分布较广，广泛分布于辽宁、吉林、内蒙古、河北、天津、山西、河南、山东、江苏、浙江、安徽、陕西及四川等葡萄产区。

识别特征：

成虫：体长18 ～ 20毫米，翅展30 ～ 36毫米，体蓝黑色至黑褐色，触角黑紫色，头顶、颈部、后胸两侧、下唇须第三节橙黄色。前翅红褐色，前缘、外缘及翅脉黑色，后翅半透明，前、后翅缘毛均为紫色。腹部有3条黄色横带，分别在第四、五及六节。雄蛾腹末两侧各有1长毛束。

卵：长1.1毫米，椭圆形，略扁平，紫褐色。

幼虫：体长25 ～ 38毫米，体略呈圆筒形。

蛹：体长约18毫米，红褐色。

生活习性：1年发生1代，以老熟幼虫在被害枝蔓里越冬。翌年4月下旬至5月上旬幼虫开始活动，5月中旬至6月羽化，一般成虫羽化盛期和葡萄开花盛期相一致。成虫飞翔力强，白天活动。卵多产在直径0.5厘米以上的新梢上，以叶腋和叶片最多。越冬前转移到二年及以上生枝蔓蛀食为害，9 ~ 10月以老熟幼虫越冬。

防治措施：冬、春季剪除虫枝，以减少虫源。发现有虫粪的较大蛀孔，可用铁丝从蛀孔刺死或钩杀幼虫，或用80%敌敌畏乳油100倍液、2.5%溴氰菊酯乳油200倍液注射，然后用湿泥封口；卵孵化高峰喷施5%甲氨基阿维菌素苯甲酸盐水分散粒剂6 000 ~ 10 000倍液、2%阿维菌素乳油1 000 ~ 2 000倍液、50克/升氟氯氰菊酯乳油2 000 ~ 3 000倍液等。

成　虫
（陈谦提供）

幼　虫
（合肥试验站提供）

幼　虫
（陈谦提供）

葡萄虎天牛

葡萄虎天牛（*Xylotrechus pyrrhoderus* Bates）属鞘翅目天牛科。葡萄虎天牛在我国东北、华北、华中及陕西、湖北、四川等葡萄产区均有发生。

识别特征：

成虫：体长约15毫米，体近圆筒形，大部黑色。前胸背板及前、中胸腹板和小盾片深红色。鞘翅黑色，两翅合并时，基部有X形黄白色斑纹。后胸腹板和第一、二腹节后缘有黄白色绒毛，形成3条黄白色横纹。雄虫后足腿节长超过腹部末端，雌虫的短，仅至腹部末端（很少超过）。

卵：椭圆形，长约1毫米，乳白色。

幼虫：体长13 ～ 17毫米，淡黄白色，头小，无足。

蛹：长约15毫米，初为淡黄白色，后逐渐加深为黄褐色。

生活习性：每年发生1代，以低龄幼虫在葡萄蔓内越冬，翌年春季葡萄发芽后开始活动。7月幼虫老熟在接近断口处化蛹，蛹期10 ～ 15天。8月羽化出现成虫，并产卵于芽鳞缝隙内或芽腋、叶腋缝隙处，卵散产。

防治措施：及时剪除虫枝，结合冬季修剪，剪除节附近表皮变黑的虫枝，予以烧毁。春季萌芽期再细心检查，凡枝蔓不萌芽或萌芽后萎缩的，多为虫枝，应及时剪除。幼虫蛀入枝蔓后，在葡萄采收后用内吸性杀虫剂80%敌敌畏乳油100倍液注射蛀孔并严密封堵。

成　虫
（吕兴提供）

蛀干为害状
（吕兴提供）

葡　萄　虎　蛾

葡萄虎蛾［*Sarbanissa subflava* (Moore)］属鳞翅目夜蛾科。分布在我国辽宁、黑龙江、河北、山东、河南、山西、江西、广东、湖北、贵州等地区。

识别特征：

成虫：体长18 ～ 20毫米，翅展44 ～ 47毫米。头、胸部紫褐色，颈板及后胸端部暗蓝色。腹部及足黄色，腹背中央有1列紫棕色斑。前翅中央有紫色肾形纹和环状纹各1个，并围有灰黑色边。后翅杏黄，外缘有紫褐色宽带，臀角有一橙黄色大斑，中部有星点。

卵：宽1.8毫米，高0.9毫米，半球形，红褐色。

幼虫：头部橘黄色，具黑斑，体黄色，散生不规则的褐斑，毛突褐色；前胸盾和臀板橘黄色，背线黄色较明显；胸足外侧黑褐色；腹足俱全黄色，基部外侧具有黑褐色块，趾钩单序中带。

蛹：长16 ~ 18毫米，暗红褐色。

生活习性：北方每年发生2代，以蛹在葡萄根部及架下土内越冬，翌年5月中下旬成虫羽化，6月中下旬发生第一代幼虫，7月中下旬幼虫老熟后入土化蛹。7月中下旬至8月中旬为第二代成虫发生期。8月中旬至9月中旬为第二代幼虫为害期。9月中下旬或10月上旬幼虫老熟后入土做茧化蛹越冬。

防治措施：利用成虫趋光性，设置黑光灯诱杀。生长期喷药防治。施药关键时期为6月下旬及8月下旬的虫卵孵化期，可喷施80%敌百虫可溶性粉剂1 000 ~ 1 500倍液等。

幼 虫
（陈谦提供）

蓟　　马

蓟马（*Thrips tabaci* Lindeman）属缨翅目蓟马科。在我国各葡萄产区均有分布。寄主广泛，除为害葡萄外还为害苹果、李、梅、柑橘、草莓、菠萝、烟草等多种植物。

识别特征：

成虫：体长0.8 ~ 1.5毫米，淡黄色至深褐色，体光滑，复眼紫红色。两对翅狭长，透明，前脉上有10 ~ 13根细鬃毛，后脉有14 ~ 17根细鬃毛。触角6 ~ 9节，略呈珍珠状。

卵：长约0.3毫米，淡黄色，似肾形。

若虫：体长0.6 ~ 1.0毫米，初为白色透明，后为浅黄色至深黄色，与成虫相似。

生活习性：1年发生6 ~ 10代，多以成虫和若虫在葡萄、杂草和死株上越冬，少数以蛹在土中越冬。在葡萄初花期开始发现有蓟马为害幼果的症状，6月下旬至7月上旬，在副梢二次花序上发现有若虫和成虫为害。7 ~ 8月，几种虫态同时为害花蕾和幼果。到9月虫口逐渐减少。10月早霜来临之前，大量蓟马迁往果园附近的葱、蒜、白菜、萝卜等蔬菜上进行为害。

防治措施：①农业防治：清理葡萄园杂草，烧毁枯枝落叶，保持园内整洁。初秋和早春集中消灭在葱、蒜上为害的蓟马，以减少虫源。②药剂防治：蓟马为害严重的葡萄园需要药剂防治，喷药的关键时期应在开花前1 ~ 2天或初花期。可使用的药剂有6%乙基多杀菌素悬浮剂3 000 ~ 4 000倍液、10%吡虫啉可湿性粉剂3 000 ~ 4 000倍液等。③生物防治：保护、利用小花蝽、姬猎蝽等天敌，对蓟马发生有一定的控制作用。

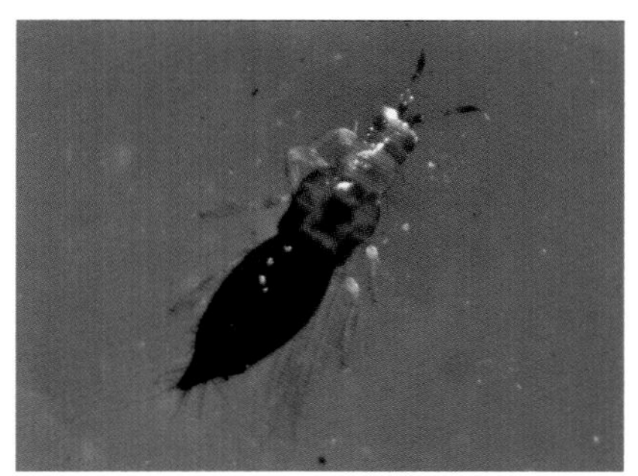

成　虫
（引自王忠跃，2009）

初羽化成虫
（刘薇薇提供）

为害叶片状
（引自王忠跃，2009）

为害果实状
（引自王忠跃，2009）

二 斑 叶 螨

二斑叶螨（*Tetranychus urticae* Koch）属真螨目叶螨科。在我国发生普遍，但在北方地区的发生和为害程度远大于南方。

识别特征：

雌成螨：体长0.43～0.53毫米，宽0.31～0.32毫米，背面卵圆形，体躯两侧各有黑斑1个，其外侧3裂，内侧接近体躯中部。背毛12对，呈刚毛状，无臀毛。腹面有腹毛16对。第一对足胫节毛数十根。爪间突分裂成几乎相同的3对刺毛，无背刺毛。

雄成螨：体长0.37～0.42毫米，宽0.19～0.22毫米。背面略呈菱形，远比雌螨小。体色为淡黄色或黄绿色，背毛13对，最后1对为从腹面向背面的肛后毛。

卵：呈球形，光滑，直径为0.13毫米。

幼螨：体长0.15毫米，具3对足。

若螨：体椭圆形，4对足。夏型体黄绿色，体背两侧有黑色斑；越冬型体橙黄或橘黄色，色斑消失。

生活习性：在南方1年发生20代以上，北方1年发生7～15代，世代重叠现象严重。在北方地区以受精雌成螨在土缝、枯枝落叶下或旋花、夏枯草等宿根性杂草的根际及枝蔓裂缝等处吐丝结网越冬。越冬雌成螨在北方3月中旬至4月上中旬开始出蛰；在南方2月下旬至3月上旬即可出蛰。

二斑叶螨有吐丝结网的习性。一般都集中在叶背叶脉两侧、丝网下栖息为害，大发生的年份或季节，成螨也可以转向叶面和叶柄、果柄及其他绿色部分为害。二斑叶螨既可两性生殖，也可营孤雌生殖。雌螨交尾后12小时就可以产卵，卵多单产，产于叶背主脉两侧或丝网下，螨口密度大时，也能产于叶表面、叶柄和果柄上。单雌产卵量50 ～ 150粒。

防治措施：①秋后清除田间杂草、落叶，集中烧毁并冬灌，可消灭大量越冬雌虫。葡萄园内不种草莓等二斑叶螨的寄主植物，并及时铲除杂草，可减轻该虫为害。②保护和利用天敌：该螨有30多种天敌，如深点食螨瓢虫、暗小花蝽、草蛉、拟长毛钝绥螨、东方钝绥螨等，尽量减少杀虫剂的使用次数或使用选择性药剂以保护天敌。③药剂防治：发芽前结合防治其他害虫可喷3 ～ 5波美度石硫合剂或45%晶体石硫合剂20倍液、含油量3%～ 5%的柴油乳剂；花前及生长期可使用24%螺螨酯悬浮剂3 000倍液、20%哒螨灵可湿性粉剂3 000倍液。

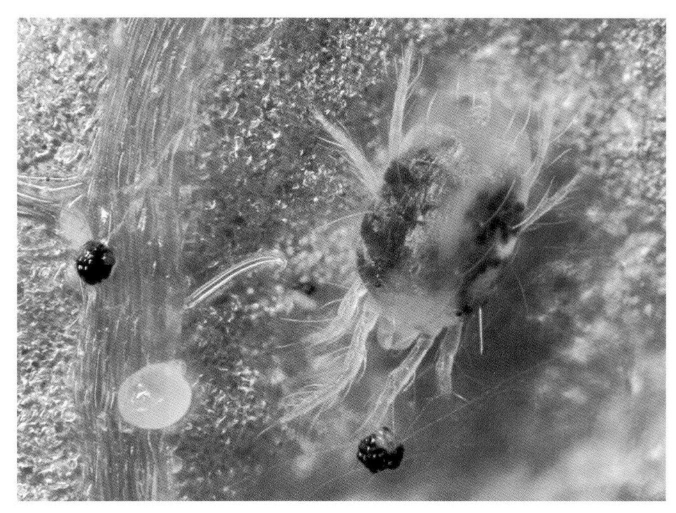

雌成螨及卵
（吕佳乐提供）

白 星 花 金 龟

白星花金龟［*Potosia brevitaris* (Lewis)］属鞘翅目花金龟科。白星花金龟在我国分布很广，黑龙江、吉林、辽宁、河北、山东、山西、河南、陕西、福建、江西、湖南、湖北、内蒙古、安徽、浙江、江苏、四川、西藏、广西、甘肃、青海、宁夏、新疆和台湾等地均有发生。

识别特征：

成虫：体型中等，体长17 ~ 24毫米，体宽9 ~ 12毫米。椭圆形，背面较平，体较光亮，体背面和腹面散布很多不规则的白绒斑。触角深褐色，雄虫鳃片部长、雌虫短。复眼突出。前胸背板长短于宽，两侧弧形，基部最宽，后角宽圆；盘区刻点较稀少，并具有2 ~ 3个白绒斑或呈不规则排列，有的沿边框有白绒带，后缘有中凹。小盾片呈长三角形，顶端钝，表面光滑，仅基角有少量刻点。鞘翅宽大，肩部最宽，后缘圆弧形，缝角不突出；背面遍布粗大刻纹，肩凸的内、外侧刻纹尤为密集，白绒斑多为横波纹状，多集中在鞘翅的中、后部。臀板短宽，密布皱纹和黄绒毛，每侧有3个白绒斑，呈三角形排列。中胸腹突扁平，前端圆。后胸腹板中间光滑，两侧密布粗大皱纹和黄绒毛。腹部光滑，两侧刻纹较密粗，一至四节近边缘处和三至五节两侧中央有白绒斑。后足基节后外端角齿状；足粗壮，膝部有白绒斑，前足胫节外缘有3齿，跗节具两个弯曲的爪。

卵：呈圆形或椭圆形，长1.7 ~ 2.0毫米，乳白色。

幼虫：体长24 ~ 39毫米，头部褐色，胸足3对，短小。

蛹：蛹为裸蛹，体长20 ~ 23毫米，初黄色，渐变黄褐色。

生活习性：白星花金龟成虫在葡萄园内可昼夜取食活动；成虫的迁飞能力很强，一般能飞5 ~ 30米，最多能飞50米以上；具有假死性、趋化性、趋腐性、群聚性，没有趋光性；成虫产卵盛期在6月上旬至7月中旬，成虫寿命92 ~ 135天。幼虫群生，不能行走，将体翻转借助体背体节的蠕动向前行走，不为害寄主的根部。

防治措施：将果园内的枯枝落叶清扫干净并集中销毁，尽量减少白星花金龟的越冬场所。深翻树间园土、减少越冬虫源；借助白星花金龟成虫的假死性，集中杀死。物理防治：糖醋液（红糖：醋：水为5：20：80）诱杀。药剂处理粪肥，可浇入50%辛硫磷乳油1 000倍液，可杀死粪肥中的大量幼虫。在幼虫发生地，药剂处理土壤。于4月下旬至5月上旬，成虫羽化盛期前用3%辛硫磷颗粒剂2 ~ 6千克，混细干土50千克，均匀地撒在地表，深耕耙20厘米，可杀死即将羽化的蛹及幼虫，也可兼治其他地下害虫。药剂防治：在白星花金龟成虫为害盛期，用50%辛硫磷乳油1 000倍液、25%喹硫磷乳油1 000倍液、

成　虫

为害状

80%敌百虫可溶性粉剂1 000倍液、48%毒死蜱乳油1 500倍液、20%甲氰菊酯乳油1 500倍液、50%辛硫磷乳油1 000倍液与5%高效氯氰菊酯乳油1 000倍液混合喷雾防治。

斑衣蜡蝉

斑衣蜡蝉［*Lycorma delicatula* (White)］属半翅目蜡蝉科。分布于辽宁、甘肃、陕西、山西、北京、河北、河南、山东、安徽、江苏、上海、浙江、江西、湖北、湖南、福建、台湾、广东、广西、四川、云南等地。

识别特征：

成虫：体长15 ～ 20毫米，翅展40 ～ 55毫米，翅上覆白色蜡粉。头向上翘，触角3节，刚毛状，红色，基部膨大。前翅革质，基部淡灰褐色，后翅基部红色，有8个左右黑褐色斑点，中部白色半透明，端部黑色。

卵：椭圆形，长约3毫米，褐色，表面覆盖灰褐色蜡粉。

若虫：似成虫，头尖，足长，身体扁平，初孵化时为白色，后变为黑色，体表有许多小白点。

生活习性：1年发生1代。以卵在枝杈或附近建筑物上越冬。翌年4月中旬后陆续孵化为若虫，6月中旬后出现成虫，8月成虫交尾产卵，直到10月下旬。虫卵多产于树枝阴面。成虫寿命长达4个月，为害至10月下旬陆续死亡。8 ～ 9月为害最严重。

防治措施：①农业防治：营造混交林，忌种喜食性寄主树木，如臭椿、苦楝。②物理防治：消灭卵块，人工捕杀成虫。

③生物防治：利用斑衣蜡蝉的寄生性与捕食性天敌——螯蜂和平腹小蜂，能起到一定的抑制作用。④药剂防治：防治关键时期为幼虫发生盛期，可喷的药剂有2.5%氯氟氰菊酯乳油2 000倍液、90%敌百虫晶体1 000倍液、10%高效氯氰菊酯乳油2 000 ～ 2 500倍液、10%吡虫啉可湿性粉剂3 000倍液等。

成虫及为害状
（合肥试验站提供）

若 虫
（庞建提供）

若 虫
（合肥试验站提供）

葡萄双棘长蠹

葡萄双棘长蠹（*Sinoxyton viticonus* I.Hang）属鞘翅目长蠹科。在甘肃、贵州等地有分布。

识别特征：

成虫：体长4.3～5.4毫米，宽1.6～2.2毫米，圆筒形，黑褐色。额区至颅顶粗糙，具刻点，口器上方疏生斜长的细黄毛。触角10节，棕红色，端部3节膨大。复眼圆突，褐色。头隐于前胸背板下。前胸背板帽状，为鞘翅的一半长，长大于宽，基部最宽，中部隆起，顶部后移，后1/3处向翅基部形成斜面。鞘翅两侧平行，翅面与前胸背板等宽，布大而浅的刻点，刻点沟不规整；翅末端形成近弧形的斜面，在斜面合缝两侧有1对端部向上弯曲的棘状突起（双棘长蠹属故此得名）。鞘翅疏生向后倒伏的茸毛。腹面密布倒伏的灰白色细毛，腹部显见5节，第六节甚小，被覆盖在鞘翅末端下面，腹末具尾须。

卵：乳白色，椭圆形，大小为0.4毫米×0.6毫米。

幼虫：老龄幼虫体长4.9～5.2毫米，宽1.2～1.4毫米。

蛹：长4.8～5.2毫米，宽2.0～2.2毫米。腹面观口器伸达前胸节末端，颅顶和额面疏布淡黄色长短相间的刚毛。

生活习性：在甘肃、贵州1年发生1代，以成虫越冬。翌年4月上旬（甘肃）和4月中旬（贵州），越冬成虫开始活动，选择较粗大的藤蔓从节部芽基处蛀入。4月下旬（甘肃）和5月上中旬（贵州），越冬成虫交尾产卵，新蛀坑道内雌雄虫同居时间较长。成虫产卵期长，8月下旬仍可查到少量幼虫。初羽化成虫体色浅，黄褐色，约经1周渐变为黑赤褐色。10月上中旬，成虫选择一至二年生小侧蔓，从节部芽基处向节间蛀入，独居冬眠。

防治措施：①加强检疫：果农在引进苗木时，应与植检部门配合，严格执行检疫条例，不能随意调种。生长季及冬季修剪时，彻底剪除虫蛀枝蔓和纤弱枝条，集中销毁，消灭越冬虫源。②饵木诱杀：成虫活动期，选择直径20 ~ 30厘米的健康葡萄枝条，截成60厘米左右的木段悬挂于枝条上或埋入土中一小段，一定时期后对饵木集中处理。③药剂防治：4 ~ 5月双棘长蠹成虫交尾产卵期和7 ~ 8月成虫外出活动期，上午10时至下午17时之间向树冠喷洒触杀或内吸性药剂。在前期，可以选择的农药种类比较多，如2.5%溴氰菊酯乳油3 000 ~ 4 000倍液、1.8%阿维菌素乳油5 000 ~ 6 000倍液等喷雾，喷洒叶片的同时，把茎、枝等喷湿透，以触杀成虫；在后期（7 ~ 8月）必须注意药剂的选择，确保食品安全。

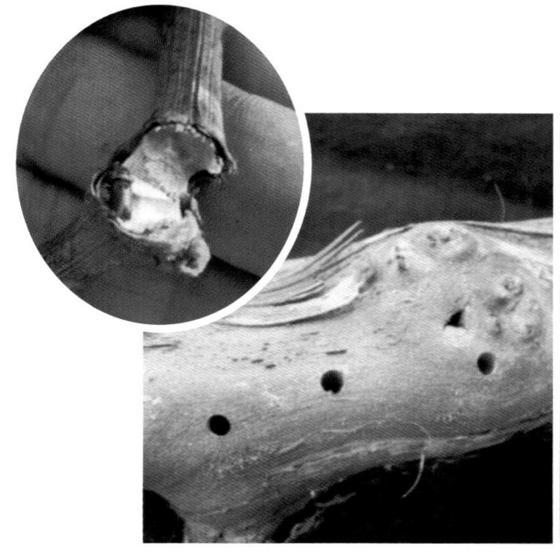
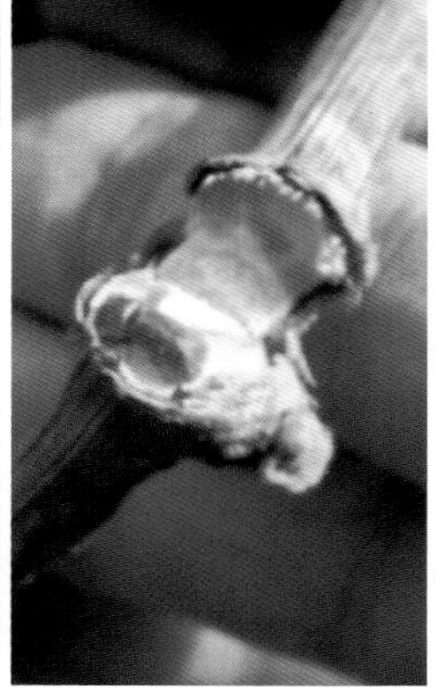

柱干为害状
（刘薇薇提供）

葡 萄 星 毛 虫

葡萄星毛虫（*Illiberis tenuis* Butler）属鳞翅目斑蛾科。我国大部分地区均有分布。

识别特征：

成虫：体长约10毫米，体黑色，翅展25毫米，半透明且有淡蓝色光泽。

卵：圆形，颜色乳黄，成块产于叶背。

幼虫：初龄为乳白色，渐渐变为紫褐色，长大后，为黄褐色，末龄体长10毫米。体节背面着生短毛，每节有4个瘤状突起，形成4条黄色竖线，边缘有黑色细纹，瘤状突起上生有数根灰色短毛及2根白色长毛。

蛹：黄褐色，有白茧包裹。

生活习性：每年发生2代，以二至三龄幼虫在枝干老皮下和葡萄藤邻近的土块下结茧越冬。翌年葡萄萌芽后便迁移到芽上取食。第一代幼虫出现在6月，幼虫密度大，为害严重，初期多集中在叶背为害，长大后吐丝坠落，可转到其他植株取食。第二代幼虫出现在8月初，9月以后第二代幼虫发育到二至三龄，进入越冬状态。成虫活动能力不强，常停留在茧的附近交尾、产卵。刚孵化的雌蛾性腺所分泌的性激素，对雄蛾引诱力很强。

防治措施：①冬季清园，剥除葡萄枝上的翘皮并销毁，消灭越冬幼虫。②利用性诱剂或将活雌虫装入诱杀器，诱杀雄虫，减少其交尾机会。③药剂防治：幼虫发生期喷20%氰戊菊酯乳油3 000倍液、80%敌敌畏乳油1 000 ～ 2 000倍液等。

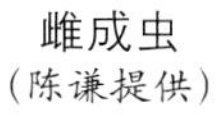

雌成虫
（陈谦提供）

雄成虫
（陈谦提供）

幼虫及为害状
（陈谦提供）

葡萄十星叶甲

葡萄十星叶甲［*Oides decempunctata* (Billberg)］属鞘翅目叶甲科。在江苏、安徽、浙江、湖南、江西、福建、广东、广西、四川、贵州、陕西、吉林、辽宁、河北、山西、河南、山东等地均有发生，局部地区发生严重。

识别特征：

成虫：体长约12毫米，椭圆形，土黄色。头小，隐于前胸下。复眼黑色。前胸背板及鞘翅上布有细点刻，两鞘翅上共有10个黑色圆斑，呈4-4-2横行排列，但常有变化。

卵：椭圆形，直径约1毫米，初产时为草绿色，以后渐变褐色。

幼虫：体长12～15毫米。近长椭圆形。头小，黄褐色。胸腹部土黄色或淡黄色，除尾节无突起外，其他各节两侧均有肉质突起3个，突起顶端呈黑褐色。胸足小，前足更为退化。

蛹：体长9～12毫米，金黄色，腹部两侧具齿状突起。

生活习性：长江以北每年发生1代，江西、四川每年发生2代，均以卵在根际附近的土中或落叶下越冬，南方以成虫在各种缝隙中越冬。1代区越冬卵在来年5月下旬孵化，2代区越冬卵于4月中旬孵化。成虫早、晚喜在叶面上取食，白天隐蔽，有假死性。

成虫及为害状
（陈谦提供）

防治措施：①清洁田园，消灭越冬卵。人工摘除幼虫密集为害的葡萄叶。②药剂防治：喷药时间应在幼虫孵化盛末期、幼虫尚未分散前进行。通常喷洒80％敌敌畏乳油1 000倍液或25％喹硫磷乳油1 500倍液。喷药要周到、细致，遇雨天要加入展着剂，防止药液流失。

康氏粉蚧

康氏粉蚧［*Pseudococcus comstocki* (Kuwana)］属半翅目粉蚧科，又名梨粉蚧。国内分布于吉林、辽宁、河北、北京、河南、山东、山西、四川等地。

识别特征：

成虫：雌成虫体长约5毫米，宽约3毫米，椭圆形，淡粉红色，被较厚的白色蜡粉。体缘具17对白色蜡刺。眼半球形，触角8节，足较发达，疏生刚毛。雄成虫体长约1.1毫米，翅展2毫米左右，紫褐色，触角和胸背中央色淡，单眼紫褐色，前翅发达透明，后翅退化为平衡棒。尾毛较长。

卵：椭圆形，长0.3 ~ 0.4毫米，浅橙黄色，附有白色蜡粉。

若虫：雌3龄，雄2龄。一龄椭圆形，长约0.5毫米；二龄体长约1毫米，被白色蜡粉，体缘出现蜡刺；三龄体长约1.7毫米。

雄蛹：长1.2毫米，裸蛹。茧体长2.0 ~ 2.5毫米，白色絮状。

生活习性：康氏粉蚧1年发生3代，主要以卵在树体各种缝隙及树干基部附近土石缝处越冬，翌春葡萄发芽时，越冬卵孵化，爬到枝叶等幼嫩部分为害。第一代若虫盛发期为5月中下旬，第二代为7月中下旬，第三代为8月下旬。该虫第一代为害枝干，二、三代以为害果实为主。以末代卵越冬。康氏粉蚧喜在阴暗处活动。

防治措施：清理果园，减少越冬虫口基数。生长季抓住防治关键期，花序分离到开花前、套袋前及套袋后3 ~ 5天也是防治该虫的最佳时期。药剂种类、用法同东方盔蚧。

为害果实

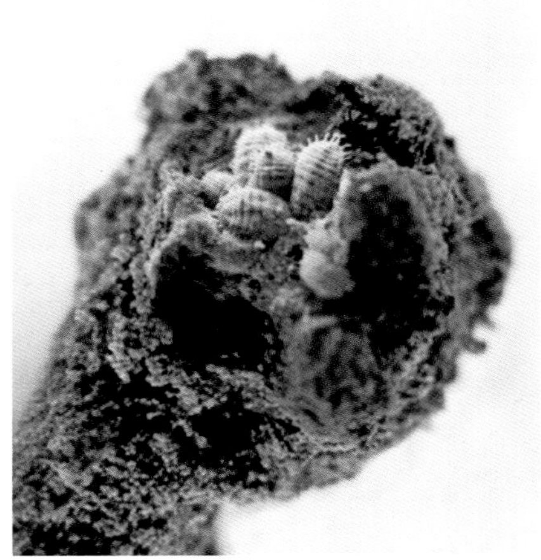
土壤中的康氏粉蚧

葡 萄 瘿 螨

葡萄瘿螨［*Colomerus vitis* (Pagenstecher)］属真螨目瘿螨科。在国内葡萄产区均有分布，主要在辽宁、河北、山东、山西、陕西、新疆等地为害严重。

识别特征：

雌成螨：圆锥形，体形似蛆。体长0.16～0.19毫米，宽约0.05毫米，体呈淡黄色或浅灰色。近头部有足2对，爪呈羽状，具5个侧枝。头胸背板呈三角形，腹部长，具74～76个暗色环纹，体腹面的侧毛和3对腹毛分别位于第9、26、43和倒数第5环纹处，尾部两侧各有1细长刚毛。

雄成螨：体形与雌螨相似，仅体略小。

卵：椭圆形，淡黄色，长约0.03毫米。

若螨：共2龄，与成螨相似，体较小。

生活习性：1年发生多代，有世代重叠现象。以孤雌生殖为主，也进行两性生殖。以成螨越冬，越冬场所主要集中在葡萄芽苞鳞片内。春季葡萄发芽后，瘿螨由芽内爬出，迁移至嫩叶背面刺吸汁液，叶背受害处由于虫体分泌物的刺激而下陷，并产生毛毡状茸毛，以保护虫体进行为害，因其症状像病害，被称毛毡病。毛毡状物为葡萄叶片上的表皮组织受瘿螨刺激后肥大而形成，以后颜色逐渐加深，最后呈铁锈色。雌螨将卵产于茸毛间，若螨和成螨均在毛斑内取食活动。落叶前开始进入越冬场所准备越冬。

防治措施：①检疫和种条种苗消毒；清洁葡萄园，在葡萄生长季节，若发现有被害叶时，应立即摘掉销毁或深埋。②药剂防治：早春葡萄叶膨大吐茸时，喷3 ～ 5波美度石硫合剂（加0.3%洗衣粉），这是防治关键期。在葡萄瘿螨发生高峰期使用1.8%阿维菌素乳油3 000倍液、20%哒螨灵可湿性粉剂3 000倍液等。

为害叶片状
（北疆试验站提供）

为害叶片正面

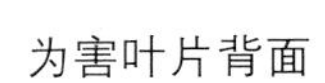

为害叶片背面

葡萄短须螨

葡萄短须螨（*Brevipalpus lewisi* McGregor）属真螨目细须螨科。国内各葡萄产区均有分布，其中北京、河北、山东、河南、辽宁、江苏、浙江和台湾等地发生较普遍。

识别特征：

雌成螨：扁卵圆形，体长约0.32毫米，宽约0.11毫米，赭褐色，眼点红色，腹部中央红色。背面体壁有网状花纹，无背刚毛，4对足短粗多皱。目前未发现有雄成虫。

卵：椭圆形，鲜红色，长约0.04毫米，宽0.03毫米。

幼螨：体长0.13 ~ 0.15毫米，宽0.06 ~ 0.08毫米，体鲜红色，足3对，白色。体两侧各有2根叶状刚毛，腹部末端周缘有4对刚毛，其中第三对为针状的长刚毛，其余为叶状刚毛。

若螨：体长0.24 ~ 0.31毫米，宽0.10 ~ 0.11毫米，体淡红色或灰白色，4对足。体后部较扁平，末端周缘有4对叶状刚毛。

生活习性：1年发生多代，以雌成螨在枝蔓翘皮下、根颈处以及松散的芽鳞茸毛内等荫蔽环境中群集越冬。翌年春天葡萄萌芽时，越冬代雌螨出蛰，为害刚展叶的嫩芽，半个月左右开始产卵。以幼螨、若螨和成螨为害嫩芽基部、叶柄、叶片、穗柄、果柄和果实。每年7 ~ 8月达为害盛期，11月中旬全部越冬。

防治措施：清洁田园，入冬前或春天葡萄出土后，刮除老翘皮，集中销毁，消灭越冬雌成虫。春季葡萄发芽时，喷3波美度石硫合剂（加0.3%洗衣粉）进行防治效果很好。定植前用3波美度石硫合剂浸泡苗木3 ~ 5分钟，晾干后定植。

为害叶片状
（夏声广提供）

豆 蓝 金 龟 子

豆蓝金龟子（*Popillia indgigonacea* Motsch）属鞘翅目丽金龟科。我国各地均有分布。

识别特征：

成虫：体长10 ～ 14毫米，宽6 ～ 8毫米，椭圆形，全体深蓝色，有绿色闪光。头小，复眼土黄色至黑色。鞘翅短，后部略有收狭，背面有6条略低陷的点刻沟，肩凸明显，在小盾片后方有深陷横凹。臀板无白色毛斑。

幼虫：体长24 ～ 28毫米。肛腹片复毛区有两行纵向的刺毛列，其附近有斜向上方的长针状刺毛，上下方密生锥状短毛。

生活习性：1年发生1代，以三龄幼虫在土壤中越冬。翌年3月初越冬幼虫转移至近地面的土层内活动为害。6月初至7月上旬为化蛹盛期。成虫于6月中下旬开始发生，寿命1个月左右，最长达60天，为害果树造成损失。7月中旬，成虫开始产卵，卵产在5厘米深的土层内。幼虫孵化后在地下活动取食，秋末发育至三龄越冬。

防治措施：利用成虫群集为害的习性，在成虫每天上、下午的活动盛期，震落枝蔓捕杀成虫。收获后深耕土地，杀死一部分越冬幼虫，减少来年虫量。药剂处理土壤以防治幼虫，于地面撒施5%辛硫磷颗粒剂每亩约2千克，施后将药浅耙入土。在成虫发生期喷药防治，使用的药剂有20%甲氰菊酯乳油1 500倍液、2.5%溴氰菊酯乳油2 000倍液、20%氰戊菊酯乳油1 500倍液、10%高效氯氰菊酯乳油3 000倍液等。

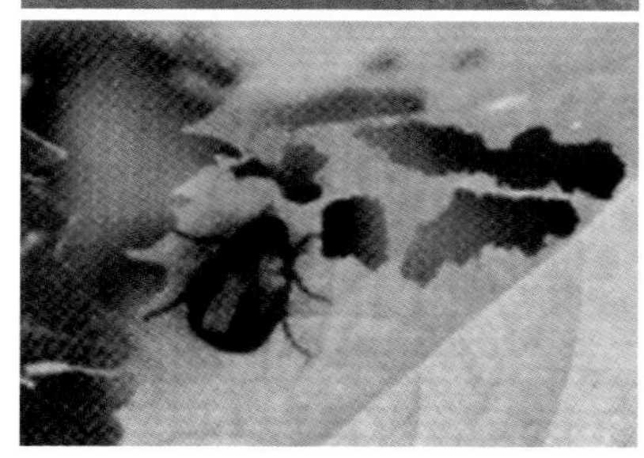

成虫及为害状

葡萄光滑足距小蠹

葡萄光滑足距小蠹［*Xylosandrus germanus* (Blandford)］属鞘翅目小蠹科。国内主要分布在安徽、福建、陕西、四川、云南和西藏。

识别特征：

成虫：雌成虫体长2.06 ～ 2.26毫米，体宽1 ～ 1.06毫米，圆柱形。复眼肾形，前缘中部的角形缺刻圆钝深陷，约达眼宽的一半。触角膝状，分为柄节、鞭节和锤状部3部分。前胸背板分为瘤区和刻点区，瘤区密布刻瘤，刻点区光秃无毛。中胸背板背面微隆起，腹面形成两个部分融合的膜质袋，即为贮菌器。雄成虫体小，体长1 ~ 1.3毫米，体宽0.66 ~ 0.7毫米。雄成虫后翅退化严重，不能飞行。前胸背板弓突。前胸背板刻点区的毛和中胸背板似雌成虫，没有贮菌器。鞘翅平坦，不分沟中与沟间，翅面刻点微小稀疏。

卵：长椭圆形，长径0.15 ~ 0.16毫米，宽径0.13 ~ 0.14毫米。

幼虫：乳白色，发育为雌蛹的老熟幼虫体长2.14 ~ 2.15毫米，发育为雄蛹的老熟幼虫体长1.12 ~ 1.13毫米。

蛹：雌蛹体长2.11 ~ 2.14毫米，雄蛹体长1.1 ~ 1.13毫米，乳白色。

生活习性：在四川1年发生2代，11月中旬以后主要以雌成虫在主干基部越冬。越冬雌成虫于翌年3月中旬开始陆续出孔。田间葡萄最早剖见卵在4月中旬，最早剖见第一代成虫在5月中旬，在5 ~ 9月的任何时候剖枝，都会发现卵、幼虫、蛹和成虫，10月剖枝卵和幼虫极少，多为蛹和成虫，11月剖枝全是成虫。田间1年可见2个明显的成虫出孔扩散高峰期，分别为4月和7 ~ 8月。雌成虫侵入后3 ~ 5天，坑道壁上便长出白色的霜状真菌层，成虫一边筑坑，一边在已长出真菌层的坑道中产卵。幼虫不蛀食葡萄木质部，孵化后就取食坑道壁上生长的真菌。

防治措施：①加强检疫：苗木消毒处理。可以使用内吸性杀虫剂，在种条、种苗调运时进行苗木处理。②农业防治：及时剪除受害枝蔓；加强田间管理，多施有机肥与微量元素肥，以增强树势，提高葡萄生长期的抗虫能力。③生物防治：采用绿僵菌制剂进行涂干防治。④药剂防治：防治越冬代出孔雌成虫是一项关键措施。于3 ~ 5月越冬成虫出孔期，以触杀剂涂干、喷雾或熏蒸防治。药剂涂干：每隔10 ~ 15天，用25%喹硫磷乳油100倍液、52.25%毒死蜱·氯氰菊酯乳油100倍液混细土涂干防治。喷雾：用48%毒死蜱乳油800倍液、4.5%高氯菊酯乳油1 500倍液树干喷雾，但喷雾时注意喷头方位，可将喷头顺腋芽下方朝上喷洒。熏蒸：在虫枝少的情况下，可选用50%敌敌畏乳油500 ~ 800倍液注射，并用泥堵住虫孔，以熏蒸虫体。生长季发现有新蛀孔，用50%敌敌畏乳油500 ~ 800倍液注射，并用泥堵住虫孔。

成虫和幼虫

葡萄天蛾

葡萄天蛾（*Ampelophaga rubiginosa* Bremer et Grey）属鳞翅目天蛾科。我国吉林、辽宁、黑龙江、山西、河北、河南、天津、北京、江苏、浙江、上海、湖北、湖南、福建、江西、山东、安徽、广东、广西、四川、陕西、宁夏、甘肃等地均有发生。

识别特征：

成虫：体长约45毫米、翅展约90毫米，体肥大，形似纺锤，复眼较大，呈暗褐色，复眼后至前翅基部有1灰白纵线。触角短小，栉齿状。前翅各横线均为茶褐色，中线较粗，内线次之，外线较细，呈波纹状，前缘顶角处有1暗色三角斑，斑下接亚外缘线，亚外缘线呈波状，较外横线宽。后翅边缘棕褐色，中间多为黑褐色。翅中部和外部各有1茶褐色横线，翅展时前、后翅相接，外侧稍呈波纹状。背中央从前胸到腹末有1灰白纵线。

卵：球形，光滑，直径约1.5毫米，淡绿色。

幼虫：体长约80毫米，绿色，体表具横纹及黄色小颗粒。头部有两对黄白色平行纵线。胸足红褐、基部外侧黑色，其上有1黄点。第八节背面具1尾角。

蛹：体长45 ~ 55毫米，呈纺锤形。

生活习性：北方每年发生1 ~ 2代，南方每年发生2 ~ 3代，各地均以蛹在土内越冬。10月左右老熟幼虫入土化蛹越冬。

防治措施：诱杀成虫，利用葡萄天蛾成虫的趋光性，设置黑光灯进行诱杀。在夏季修剪枝条时，人工捕杀幼虫。害虫为害较重的果园可在幼虫发生期用90%敌百虫晶体1 000倍液、80%敌敌畏乳油2 000倍液等药剂进行防治。

成　虫
（夏声广提供）

幼　虫
（南京试验站提供）

下　篇
绿色防控技术

农业防治技术

农业防治，就是利用农业生产中的耕作栽培技术，创造有利于作物生长、不利于病虫生存的环境条件，从而达到控制病虫害的目的。

一、抗病品种利用和品种选择

抗性品种的利用。选用抗性品种是病虫害防治的重要途径，是最经济有效的方法。因为寄主植物和有害生物在长期进化过程中，形成了协同进化的关系，有些寄主植物对一些病虫形成了不同程度的抗性。因此，利用抗病虫品种防治病虫害，简单易行、经济有效，特别是对一些难以防治的病害，防控效果更理想。

葡萄是多年生树木，品种的选择不同于大田作物。在葡萄上，应用抗病虫品种是最重要的方法，应在建园时进行品种选择。要根据地区的气候、地域性的病虫害种类、土壤类型等选择品种，进行区试，并根据区试结果进行品种的选择。

二、种植脱毒苗木

葡萄病毒病是随种条、种苗传播的。目前，葡萄病毒病已经成为我国葡萄上为害最严重的病害之一。选择种植脱毒苗木，是防控病毒病的基础，也是最重要的措施。

（1）种植脱毒苗木。建立脱毒苗木中心，繁育苗木；或从有资质的葡萄苗木脱毒繁育中心采购种条育苗或直接采购苗木。严禁从疫区引进苗木。

脱毒组培苗移栽
（董雅凤提供）

无病毒苗木繁育
（董雅凤提供）

脱毒苗木苗圃
（董雅凤提供）

（2）苗木处理。调运和种植前，对苗木进行消毒。一般采取2次药剂消毒措施：即离开苗圃或运输前及苗木定植前（外地苗木必须进行2次消毒处理，本地苗木最少要进行1次消毒处理）。先将苗木放在45℃的温水中，完全浸没（可以用重物把苗木压入温水中）浸泡2小时，然后捞出放入50 ～ 54℃温水中浸泡5 ～ 15分钟，之后捞出晾干包装（储存、运输或栽种）。具体措施可以根据生产情况做适当调整。

苗木消毒

三、栽培措施与田间管理

1. 清园控害

清园控害包括两个方面：一是在生长期，病植株、病枝条、病果穗、病叶等病组织及修剪下来的残体等的清除；二是落叶后、冬季修剪后，把田间的叶片、枝条、卷须、叶柄、穗轴等清理干净，集中处理（深埋或沤肥、烧毁等）。保护地栽培的，在清除病残体的同时，要对棚内进行消毒处理。因为许多病虫害，在病残体上越冬越夏，所以，保持田间卫生可以减少病原菌、害虫的数量，是控制葡萄病虫害的重要措施。

（1）在葡萄树的休眠越冬期，需彻底清园。结合冬季修剪，剪除带虫蛀、虫孔、虫卵和长势弱、发病严重的枝条，清理留在植株和支架上的副梢、穗轴、卷须、僵果等，把落地的枯枝、落叶彻底清除，烧毁或深埋。

清　园
（王玉倩提供）

（2）深翻土壤。耕翻是改变植物土壤环境的一种措施，直接影响土壤中的病原物，耕翻土地可以把遗留在地面上的病残体、越冬病原物的休眠体结构等翻入土中，加速病残体分解和腐烂，加速病原物的死亡，或把菌核等深埋入土中，到第二年失去传染作用。土壤翻耕后，由于土表干燥和日光直接照射，也能使一部分病原物或地下害虫等，在干燥、暴晒的条件下很快死亡或在短时间内失去活力，或增加地下害虫被取食的概率。

（3）使用药剂。在冬季修剪后，用5～6波美度石硫合剂喷洒树枝与整个地表2次，可大大消除很多病原残体和越冬害虫。

（4）结合农事操作，一旦发现病枝、病叶、病果，要及时清除并带出田园。

2. 加强或调整栽培措施

加强或调整栽培措施，或人为改变葡萄生长的环境条件，从而改变葡萄的生长状态，减少或直接杀灭病虫害，调控病虫害的种群数量。农业防治措施应该结合必要的栽培管理技术措施进行，一般不主张为了防治病虫害增加额外的人力、物力等负担。

（1）掌握适宜栽培期和成熟期。调整栽培期和成熟期，可以使作物的感病期与病原物的侵染发病期错开，达到避开病虫的作用。比如，根据区域的气候特点选择种植的葡萄品种，使其在本区域相对干燥的气候下成熟，是成功种植葡萄、减少果实腐烂的关键措施之一。

（2）保持合适的种植密度和架势，避免过密、过疏。过密，造成葡萄园郁闭，植株生长弱，有利于某些病虫害的发生。葡萄生长郁闭会增加白粉病、灰霉病、叶蝉、粉蚧、远东盔蚧等病虫害的发生概率；过于疏松，不但浪费资源，而且也会导致一些病虫问题，比如枝蔓、叶片过于疏松，会增加气灼病、日烧病的风险或发生概率。

（3）肥水管理。合理施肥和灌水，对作物的生长和病害的发生都有密切的关系。一般增施磷、钾肥有利于寄主抗病；偏施氮肥易造成植株徒长，组织柔嫩，往往抗病性差；中微量元素的合理使用，可以改善葡萄的机能和营养平衡，增加抗病虫能力。有机肥料腐熟前，其中存在大量的病原物，如果没有腐熟，易造成肥害，同时把大量的病原物带入田内，因此应使用充分腐熟的有机肥。适时排灌是葡萄生产上一项特别重要的技术措施。一方面满足作物生长中对水的需求；另一方面，排灌对土壤中病原物以及小气候湿度有影响，很多葡萄病害都属于高湿病害，如土壤排水不良，地面潮湿，易发生根腐病、根系呼吸受阻；久旱骤雨，会增加裂果；积水造成根系呼吸受阻，导致水分吸收不足，是气灼病发生的重要原因。灌水方式也与病害有密切的关系，如大水漫灌有利于葡萄根癌病的扩展蔓延。

有机肥料腐熟

葡萄园积水

（4）除草、种草、覆草。一方面，田间杂草特别是多年生杂草，有些是病原物及害虫的主要栖息地，也可能是病毒病的毒源植物，又可作为病毒病介体昆虫的寄主，因此，铲除田间杂草，可以减少某些病虫的来源，对病虫害的防控具有重要意义，比如除草就是防控绿盲蝽、叶蝉、灰霉病的有效措施。另一方面，在行间种草（适宜的种类）可以改善葡萄园微气候，尤其是干旱、干燥地区，可以减少病虫害发生，比如，种草可以减少白腐病的传播机会，是防控白腐病的有效措施。覆草是利用割除的田间杂草、草本作物的秸秆、叶片或作物的秸秆等，覆盖在葡萄主蔓的周围或行内，防控某些病虫害，比如，覆草可以减轻白腐病，有效防除杂草。

葡萄园除草

（5）注意事项。葡萄园应该具有排水系统，不能造成积水；按照葡萄的需水规律，结合自然降水进行灌溉；根据葡萄的需肥规律，结合土壤肥力测定和产量设定，科学使用肥料。这些水肥管理措施是减少或减轻病虫害的基础性措施。

除草、种草、覆草，都是双刃剑，有时对某方面有利或对防治某些病虫有利，但可能引发一些不利因子。所以，在使用前，根据生态条件、气候特点、地域特点等，综合评估措施的利弊，尤其是加强对间作植物的种类选择，达到既能对防控病虫害有效（减少本地区的重要病虫害或次要病虫害的发生概率或为害机会），又能改善葡萄园环境和生态。

生态调控技术

任何一种生物的生存与发展均离不开生态环境条件的制约。果园（葡萄园、桃园、苹果园等）作为典型的农业生态系统，病虫害的发生与果园生态环境条件之间存在密切的关系。近年来，由于单纯依靠化学农药的防治理念和化学农药的不合理使用，致使果树病虫害发生频率、程度及种类不断增加，果园生物多样性遭到破坏。随着生态环境问题越来越突出，一些有利于优化果园生物多样性、减少化学农药使用的生态调控技术得以逐步应用。生态调控技术是以预测预报为依据，改善生态环境，以农业防治为基础，以消除病虫源为前提，以人工生产、释放有效天敌及使用生物农药为主导，以果园生草和生态庇护所建造为依托的综合技术体系。栖境操纵（也称栖境管理）是害虫管理的一项生态工程。该技术通过为天敌提供替代食料、花粉、花蜜及避难所，人为增加果园生物多样性，达到持续控制害虫的目的。

农作物病虫害生态调控与经典病虫害综合防治具有若干明显不同之处：其一，生态调控的立论依据是生态学、经济学和生态调控论，通过系统结构、功能优化设计，用系统内在的调控机制取代单纯的化学防治，充分发挥生态系统内的自补偿、自调节、自稳定功能，将害虫为害限定在经济允许范围内。其二，生态调控的调控、管理对象是农田生态系统或区域性生态系统，而不是仅仅针对有害生物；在对农作物病虫害有效防治、转化、利用的同时，使生态系统结构、功能不断优化，土地生产力持续提高，并向优质、高效农业方向演进。其三，生态调控使用的研究分析方法是系统结构、功能分析方法，而不限于病虫害种群数量动态描述。充分利用农田生态系统内一切可以利用的物质和能量，特别是作物的抗性和天敌的捕食特性，综合利用各种农艺措施及病虫害生态防治技术，而不限于病虫害防治措施。其四，围绕生态农业、病虫害生态调控，对各种技术措施进行组装、集成、优化，形成生态工程技术，使农业向高效、低耗和可持续发展的方向转变，而不是在化学防治基础上对各种防治措施进行组合和协调，仅仅把病虫害控制在经济允许的范围之内。生态调控技术是绿色防控中的一项重要内容，必须遵循充分保护和利用农田生态系统生物多样性的原则。利用生物多样性，可调整农田生态系统中病虫种群结构，设置病虫害传播障碍，调整作物受光条件和田间小气候，从而减轻农作物病虫害压力和提高产量，是实现绿色防控的一个重要方向。利用生物多样性，从功能上来说，可以增加农田生态系统的稳定性，创造有利于有益生物的种群稳定和增长的环境，既可有效抑制有害生物的暴发成灾，又可抵御外来有害生物的入侵。

葡萄园养鸡

比如葡萄园养鸡对葡萄园害虫有一定控制作用，尤其是对鳞翅目害虫。

葡萄园养鸡（刘永强提供）

（1）鸡种选择。利用葡萄园养鸡主要采用以放牧为主、补饲为辅的饲养方式，因此在鸡种选择上一般选择适应性强、抗病力强、耐粗饲、勤于觅食、活泼好动的品种。

（2）葡萄园以种植3年以上葡萄为宜（3年以上葡萄已进入丰产期，根系发达，不易被鸡破坏），且钢丝结构架一般在2～2.5米（可为葡萄园养鸡提供足够的饲养空间，且阻止鸡对果实的破坏，同时也为鸡苗生长提供足够的通风条件和光照条件）。

（3）一般每亩葡萄园饲养80～120只鸡苗，密度过大不利于葡萄园日常管理。

生物防治技术

生物防治是利用对植物无害或有益的生物来影响或抑制病原物、害虫的生存活动，从而减少病虫害的发生或降低病虫害的发展速率。现代科技的发展使生物防治技术更加丰富，近年来有学者把转抗虫、抗病基因植物也列入生物防治范畴。由于生物防治主要是运用自然界生物相生相克的原理，人为地增多原本在自然界中存在的对病虫草害有相克作用的生物，用以控制有害生物的为害，故具有较小的环境风险，是一种对环境友好的植保技术。

在生物防治产业化方面，发达国家处于领先地位，丰富多样的生物防治产品及其完善的市场供应网络同时也推动了生物防治技术的研究和应用，现在世界上有170多种天敌昆虫被商业化生产和销售。近年来人们对生物防治技术倍加重视，生物防治研究取得较大进展，经过多代科技人员的努力，全国生物防治技术整体水平基本达到国际先进水平，某些领域已处于国际领先，从拮抗微生物为主的传统微生物防治扩大到非拮抗微生物的利用；从着眼于土传病害的防治扩大到植物地上部叶面和果实病害的防治；从控制初侵染源而减少病害的发生，到目前利用其降低病害流行速率；从寄生、捕食性天敌的应用，到天敌的释放等。

但与发达国家相比，我国在全面应用生防技术控制病虫害方面仍有相当大的差距。当前，我国的天敌昆虫产业化还处在起步阶段，真正的专业生物防治技术服务公司寥寥无几，而且业务较难开展，效益不佳。天敌昆虫的生产和推广应用工作大多依附于有关大专院校、科研单位和技术推广部门。在葡萄生产上生物防治方法的应用，目前总体仍处于起始阶段。

一、拮抗微生物的应用

拮抗微生物是指某些分泌抗生素的微生物，主要是放线菌，其次是真菌和其他细菌。例如，近年来国外有用哈茨木霉（*Trichoclerma harzianum*）的孢子悬浮液，用于灰霉病的防治，可以推迟病害的流行；1979年福建省武夷山区采土分离出链霉菌，该菌可工业化生产武夷菌素，经工业化生产的武夷菌素，防治葡萄上的真菌病害；河北省农林科学院植物保护研究所研制的芽孢杆菌防治灰霉病、白粉病等。

二、寄生和捕食性天敌的利用

1. 葡萄园主要天敌昆虫

（1）小花蝽。小花蝽可捕食蓟马、叶螨等。

（2）草蛉。草蛉可捕食叶螨、叶蝉等。

（3）姬猎蝽等可捕食葡萄蓟马，跳小蜂、黑寄生蜂等可寄生葡萄粉蚧，深点食螨瓢虫、暗小花蝽、拟长毛钝绥螨、东方钝绥螨等为二斑叶螨的主要天敌。

2. 注意事项

尽量减少农药使用，当病虫害突发时，选择对天敌毒性较低的农药，以降低对天敌的杀伤，最大限度利用自然天敌。

三、昆虫激素的应用

昆虫的生长、发育、蜕皮、变态、繁殖、滞育等功能和交配活动，受到体内产生的各种类型激素的调控。这些激素的平衡被打破或遭到破坏，昆虫正常的生长发育和繁殖就会受到影响，降低生命力、减少活动力、影响生殖率、增加死亡率。

可以利用性外激素诱杀、干扰害虫交配，进行防治或测报。如葡萄花翅小卷蛾，可通过引诱剂的使用，起到干扰交配的作用。

物理防治技术

物理防治法是指利用物理方法来防治植物病虫害的措施，包括防控病害时枝条或种子的处理、土壤消毒、田间摘除感病组织、辐射保鲜等措施；防控害虫时的捕杀措施、诱杀措施、阻隔分离、温湿度的利用、射线或微波等新技术的应用等措施。

一、温湿度的利用

不同的病虫害对温度有一定的要求，高于或低于其适宜的温度，就会影响其发育、繁殖、生存和为害。可利用人工调控或自然温度的高或低，预防或防治病虫害的发生为害。

（1）温浴处理。葡萄上利用温浴处理苗木或种条，杀灭枝条上的害虫卵或幼虫、杀菌、抑制（或杀灭）病毒。具体方法是50℃温水浸泡10 ～ 15分钟。

（2）土壤的热力消毒。就是利用烧、烘、热水浇灌、熏蒸、日晒等进行土壤灭菌，这些方面目前仅用于苗床或小规模的试验研究范围，大田应用尚未成熟。

（3）葡萄低温储藏。防止储藏期病害的发生。利用低温冷库和冷链运输，减少或防止采收后储藏或进入市场货架的果实病害。

二、色板诱虫

利用昆虫的趋色（光）性，采用有色黏板在害虫发生前诱捕部分个体以监测虫情，在防治适期诱杀害虫。为增强对靶标害虫的诱捕力，可将害虫性诱剂、植物源诱捕剂或者性信息素和植物源信息素混配的诱捕剂与色板组合。一般情况下，习性相似的昆虫对色彩有相似的趋性。粉虱类趋向黄色、绿色；叶蝉类趋向绿色、黄色；有些蓟马类偏嗜蓝紫色、黄色；夜蛾类、尺蛾类对暗淡的土黄色、褐色有显著趋性。色板诱捕的多是日出性昆虫。

（1）根据防治靶标昆虫的种类选择色板。

（2）色板放置。在靶标害虫为害始盛期和盛期，悬挂色板，每亩悬挂30块。

（3）色板虽具有良好的持效性，但仍应随时注意黄板上的害虫密度，及时更换，确保黄板的诱集效果。

（4）根据害虫的预测预报结果，掌握成虫的发生高峰期。

（5）黄板在害虫开始发生时使用，效果最佳。

黄板诱虫

三、糖醋液诱杀

利用害虫的趋性或其他特征，诱集和捕杀害虫。利用对糖醋液的趋性诱杀，在葡萄上，可以使用糖醋液诱杀金龟子类害虫。

（1）糖醋液的配制。糖醋液配制按糖：醋：水：酒=3：4：2：1的比例配制而成，充分搅拌混匀后即可使用。将配好的糖醋液放置于容器内（瓶或盆），以占容器体积1/2为宜。糖醋液应现用现配，用多少配多少，以免降低气味影响诱杀效果。

（2）糖醋液的使用。每亩5～6盆，将塑料盆悬挂在树上树叶比较密集的位置，离地面高度为1.5米左右。每隔10~15天将诱杀的虫子挑拣出来并集中深埋，然后再适量添加糖醋液。树上用完后，糖醋液不能直接倒入土壤，要埋入地下，否则会诱来周围的蚂蚁。

（3）注意事项。

①加大容器口径。糖醋液是靠挥发出的气味来引诱害虫的，盛装糖醋液的容器口径越大，挥发量就越大，所以盆口应是直敞开或向外敞开的，这样便于害虫的扑落，增加诱虫量。

②改变诱捕盆颜色。害虫对颜色有一定的辨别能力，利用容器的颜色来引诱可以起到双重的效果。通常害虫最喜食花朵，其次是果实，再次是叶。把容器颜色模拟成花或果实的颜色，诱杀的效果就可成倍提高。

四、黏胶或机油隔离

葡萄星毛虫以二至三龄幼虫在枝蔓翘起的老皮下和植株基部的土块下结茧越冬，第二年葡萄萌芽后便迁移到芽上为害，可以在结果母枝基部涂黏胶或机油，阻止向上迁移；东方盔蚧以二龄幼虫在一至三年生枝蔓、树皮缝、叶痕处越冬，发芽时开始活动，迅速变为三龄，虫体迅速膨大，5月底至6月初，介壳下产卵，6月底左右孵化，转移到当年的枝蔓、叶柄、叶片、穗轴、果实上为害，可以在当年树干基部涂黏胶或机油，阻止向上迁移。

五、果实套袋

葡萄果实套袋在我国清代的文学作品中已有记载，说明在我国清代已经开始对葡萄果实进行套袋，以防治鸟害和蜂害。真正在生产上大面积推广具有实际应用价值的葡萄果实套袋技术，一百年前日本最先使用，随后我国台湾也开始使用。

20世纪90年代，山东、辽宁等省份发展晚熟、不抗病的欧亚种葡萄，为了防治葡萄果实病害，借鉴历史上、国外和其他果树上套袋栽培的成功经验，在红地球等高效益葡萄品种上进行果实套袋实验，并获得成功，引起我国葡萄科研和生产单位重视，并在20世纪末到21世纪初形成了一个研究和推广葡萄套袋栽培技术的高潮。近十几年来，针对不同品种和地域，套袋技术已被成功用于葡萄生产，套袋技术（包括袋的纸质、大小、透光性等）趋于合理、技术趋于成熟。

套袋后的葡萄果实被果袋与外界隔离，阻断了其他物体上（枝条、叶片、土壤等）的病菌传播到果穗、果实上的渠道，降低了重要病虫害对果实的侵染机会和风险，可有效地防止或减少黑痘病、炭疽病、白腐病、灰霉病、蜂和金龟子等病虫害在葡萄果实上的发生与为害。此外，套袋可以改善果面光洁度，对鸟害、冰雹也有一定的防护作用。

（1）套袋选择。葡萄套袋应根据品种以及不同地区的气候条件，选择使用适宜的纸袋种类。

（2）套袋前的管理。花序显现后，根据每条蔓的整体负载

量，合理留穗。

（3）套袋时间。根据品种特性而定，一般在落花后15 ～ 45天内进行。最晚必须在转色期前套袋结束，套袋应在上午10时以前和下午4时以后进行，阴天的全天都可套袋。

（4）套袋方法。用双手把果袋撑开，使下通气口张开，将果穗放入袋中部，用手捏紧果袋和果柄，将果袋无扎口丝一角向内或向外反折叠成为三角形。使其紧贴果袋，然后用扎口丝把余下的果袋连同果柄轻轻扎紧即可，这样即使遇到高温，袋内空气上下流通，可有效地降低日灼，减少损失。

（5）套袋后期管理。成熟期应疏枝，摘除基部老叶，以利于透光通风，使果实正常着色成熟。最后是葡萄的采收，一般可以不去袋，带袋采收；也可以在采收前10天左右去袋，这要根据品种、果穗着色情况以及纸袋种类而定。一般红色品种可在采收前10天左右去袋，以促进着色良好。但如果袋内果穗着色很好，已经接近最佳商品色调，则不必去袋，否则会使颜色加深，着色过度。巨峰等品种一般不需去袋，但也可通过分批去袋的方法来达到分期采收的目的。另外，如果使用的纸袋透光度较高，也可不必去袋。去袋时不要将纸袋一次性摘除，要先把袋底打开，使果袋上部仍留在果穗上，以防止鸟害及日灼。去袋时间宜在上午10时以前和下午4时以后进行，阴天可全天进行。

（6）注意事项。

①套袋前要喷一次杀虫剂、杀菌剂。果面药液干燥后方可套袋。如遇雨必须重喷。

②套袋前后，要注意收听天气预报，若雨后持续高温天气，不能套袋。套袋时不要改变果穗原来的受光位置。如土壤过于干旱，应先浇水，再套袋。这些都是防止套袋后日灼的重要措施。

葡萄果实套袋

农药使用技术

农药使用得当就可以保护农作物，提高农作物产量，改善农产品品质，促进农民增收；如果不能科学合理使用，不但不能充分发挥农药应有的作用，反而会造成许多严重的后果。本部分介绍农药安全使用的有关内容。

一、葡萄中农药最大残留限量标准

随着经济的快速发展和人们生活水平的不断提高，市场对葡萄质量提出了越来越高的要求。其中农药残留量是最主要的衡量因素之一。我国已颁布实施了一批有关水果农药最大残留限量（maximum residue levels，MRLs）的国家标准，如GB 14870—1994、GB 16333—1996、GB 16320—1996等，以及一些葡萄产品标准。表1中列举了我国葡萄中一些农药残留的最大限量标准。

表1 我国葡萄常用农药最大残留限量（MRLs）标准

单位：毫克/千克

农药名称	MRLs	农药名称	MRLs
敌百虫	0.1	辛硫磷	0.05
杀螟硫磷	0.5	二嗪磷	0.5
敌敌畏	0.2	百菌清	1
亚胺硫磷	0.5	甲萘威	2.5
多菌灵	0.5	甲霜灵	1
克菌丹	15	代森锰锌	5
马拉硫磷	不得检出	四螨嗪	1
溴氰菊酯	0.1		

农药最大残留限量是农畜产品中农药残留的法定最高允许浓度，其制定目的可概括为三方面：

一是控制食品中过量农药残留以保障使用者的安全。只要农药的残留低于法定最高允许浓度，就是安全食品，不会对食用者或消费者有任何形式的不利影响。

二是指导和推行合理用药，按照农药标签上规定的是药剂量和方法使用后，在食品中残留的最大浓度不会超过最大残留限量。

三是为了减少国际纠纷。为了使收获农产品中的农药残留不会超过规定的最大残留限量，以保证使用者的安全，必须严格控制农产品采收前最后一次使用农药的时间。安全间隔期就是最后一次施药至作物收获时允许的间隔天数，即收获前禁止使用农药的日期。通常按照实际使用方法施药后，隔不同天数采样测定，画出农药在作物上的残留动态曲线，以作物上的残留量降至最大残留限量天数，作为安全间隔期的参考。在一种农药大面积推广应用之前，为了指导安全使用，必须指定安全间隔期，是预防农药残留的重要措施，亦是新农药登记时必须提供的资料。

安全间隔期因农药的性质、作物种类和环境条件而异。各种农药的安全间隔期不同，性质稳定的农药不易分解，其安全间隔期长；相同农药在不同作物上的安全间隔期亦不同，果菜类作物上的残留比叶菜作物低得多；在不同地区，由于日光、气温和降雨等因素，同一农药在相同作物上的安全间隔期也不同。必须制定各种农药在各类作物上适合于当地的安全间隔期。

为了食用葡萄和饮用葡萄酒的安全，葡萄园中农药的安全使用必须严格遵守最大农药残留限量和农药安全间隔期。

二、农药使用不当带来的问题及造成的后果

农药科学使用是一门学问，也可以说是一种技术，不会科学使用农药带来的问题很多。广大农户文化水平偏低，农药专业知识较少，如果盲目地使用农药，常造成事故。生产中常见的问题主要有混淆农药类型、施药方式与农药类型不相对应、擅增农药用量、用药不当造成药害等。而因用药不合理常造成一系列严重后果：如造成环境污染，农药对环境的污染主要表现在对土壤、水源、空气及农副产品的污染，间接影响人及其他动物的生命安全；由于连续大量地不合理使用农药，导致病虫不同程度地产生抗性，如棉铃虫、菜青虫等已经对菊酯类农药产生抗性；破坏生态平衡，如使用剧毒、高毒农药，会杀死田间大量的天敌，如瓢虫、蜘蛛、草蛉等，导致害虫猖獗发生，还会对很多非靶标生物如蜜蜂、鸟、蚯蚓和鱼类造成伤害；造成人畜中毒；造成农副产品中农药残留污染；导致农作物发生药害；增加农业生产成本。

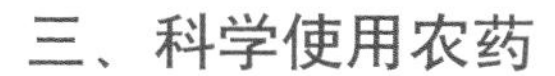

三、科学使用农药

1. 科学选用农药

农药的种类很多，性能各不相同，防治对象、范围、持效期和作用方式都有很大差异。所以，使用农药时，必须认准病虫种类，再选择合适的农药。要根据葡萄需要防治的病虫害的种类，选择有针对性的农药品种和剂型。优先选择高效低毒低残留农药，防治害虫时尽量不使用广谱农药，以免杀灭天敌及非靶标生物，破坏生态平衡；严禁将剧毒、高毒、高残留农药用在葡萄上。与此同时，还要注意选择对施用作物不敏感的农药。如果在某些农药对某种作物或某个生育期特别敏感时施用，就可能造成严重后果，如敌敌畏在核果类果树上禁用，桃、李在生长季节对波尔多液敏感，桃、梨、枣等果树对乐果、氧乐果敏感，使用前要先做试验，以确定安全使用浓度。此外，还要根据作物产品的外销市场，不可使用被该国市场明令禁止的农药。

如防治葡萄上的刺吸式口器害虫，选用吡虫啉这种内吸杀虫剂有效，而胃毒剂则效果较差。葡萄霜霉病是由卵菌寄生引起的，应选用烯酰吗啉（金科克）、波尔多液等农药防治，而不能用三唑类农药。葡萄毛毡病是由葡萄瘿螨引起的，应选用杀螨剂防治，而不能选用杀菌剂防治。专业种植葡萄的农民朋友，对自己种植的葡萄在本地区易发生的病虫种类要学会识别，熟悉发生规律，在需要使用农药防治时能科学准确选择农药。

2. 适时用药

防治病害应在发病初期施药；防治害虫一般在卵孵盛期或低龄幼虫时期施药。每一种病害都有由轻到重的发展过程，受害程度也有一个由量变到质变的过程。在生产实践中，许多农民朋友在使用杀菌剂时出现错误，比如在病发生后，甚至比较严重时仍然用保护性杀菌剂，连续多次喷施，结果收效甚微。虽然影响防治效果的因素很多，但最关键的是选对杀菌剂和喷药的时间：广谱保护剂适于在病害发生前使用，在植株的茎、叶、果表面建立起保护膜，防止病菌侵入；当病害已经发生时，说明病菌已经侵入植株体内，再使用广谱保护剂则已错过防治有效期，应改用内吸性杀菌剂，使药的有效成分迅速传导、内吸到植株体内杀死病菌。防治害虫"治早、治小、治了"，也就是说应抓住发生初期。

需要指出的是，如果病害已经严重发生，即使施用内吸治疗性杀菌剂，也很难起到理想效果；如果害虫已严重发生，为害已经造成，即使杀死99.9%的害虫，也会严重影响优质产品的生产。所以我们要记住防控病虫害的目的：是不让病虫害对我们的优质葡萄生产造成影响，而不是杀灭多少病菌、杀死多少害虫。要达到这个目的，控制病虫害的数量是关键。所以，用药的最佳时期，是阻止病虫害种群数量增加的时期。抓住农药使用的关键时期，可以起到事半功倍的效果。世界上防治葡萄病虫害的农药使用关键技术是"3T"（Treatment，Technology，Timing）技术，其中之一就是Timing（用药时间）。

适时用药包括两方面的意义：一是抓住防治病虫害的关键期，会起到事半功倍的效果。例如防治炭疽病是落花前后和初夏，防治霜霉病是雨季的规范保护，防治白腐病是阻止分生孢子的传播。二是要充分发挥农药的潜能，"杀鸡"不要用"牛刀"，"杀牛"也不能用"鸡刀"。例如，雨季是很多病害的暴发流行期，发病前使用50%嘧菌酯·福美双可湿性粉剂，能充分发挥它的广谱性和高效性。

3. 适量用药及适宜的施药方法

选择合适的施药方法，把选择的农药适时使用到葡萄上，

让农药到达合适的地点或位置。农药的使用方法很多，根据防治对象的发生规律以及药剂的性质、剂型特点等，可分为喷雾、喷粉、熏蒸、浸种、毒土、毒饵等10余种方法，必须依据防治对象的特点和当时当地的具体情况，选择农药的使用剂量、合理施药方法，科学施药。

首先是剂量问题。按照每种农药的使用说明，根据不同时期不同气候条件，确定适宜的用药量。严格控制施药浓度和次数。防治病虫害用药的浓度，一般在农药袋（瓶）标签上都有说明，应严格按说明配制，不能随意加大用药量。农民朋友中普遍存在着一种误解，认为用药量加大，防治效果才好，药水喷到植株上到处流才算彻底，效果才好。其实不然，加大用药量，增多喷药次数，不仅浪费农药，而且会增加农药对产品和环境污染的风险。

其次是把农药用到位。比如使用喷雾技术喷洒农药，一定要均匀周到。喷药质量不好，往往造成问题，生产上的表现为：一是药水喷到植株上到处流，造成农药流失；二是喷洒不均匀，不利于达到防治效果。

选择和使用对应的施药方法、器具，把农药使用到位，是农药科学使用中最重要的一个环节和内容。比如喷雾施药法，要尽量选择低容量或超低容量喷雾技术，选择喷雾质量好且稳定的器械，保证正确的田间操作，把药剂均匀、周到地喷洒到葡萄上。

4.合理混用，交替用药，减缓有害生物产生抗性

（1）复配农药与合理混用。将两种或两种以上含有不同有效成分的农药制剂混配在一起施用，称为农药的混用。合理混用农药、科学合理复配农药，可提高防治效果，扩大防治对象，延缓病虫抗性，延长农药品种使用年限，降低防治成本，充分发挥现有农药制剂的作用。

目前农药复配混用有两种方法：一种是农药生产者把两种以上的农药原药混配加工，制成不同制剂，实行商品化生产，投入市场。以应用于葡萄病害的杀菌剂为例，甲霜灵·锰锌是防治霜霉病的良药，此药是内吸性杀菌剂，既有保护作用，又有治疗作用。施药后甲霜灵立即进入植物体内杀死病菌，代森锰锌残留表面，病菌不能再侵入。另一种是使用者根据当时当地发生病虫的实际需要，把两种以上的农药现场混用，有杀虫剂加增效剂，杀菌剂加杀虫剂等。值得注意的是农药复配虽然可产生很大的经济效益，但切不可任意组合，盲目地搞“二合一”“三合一”。田间现混现用应坚持先试验后混用的原则，否则不仅起不到增效作用，还可能增加毒性，增强病虫的抗药性。

农药混用必须掌握3个原则：一是必须确保混用后化学性质稳定；二是必须确保混用后药液的物理性状良好；三是必须确保混用后不产生药害等副作用。

与此同时，农药混用要掌握5项技术：一是农药混用时，要严格按照农药使用说明书规定的要求操作；二是农药混用时品种类型一般不超过3种，否则发生相互作用的可能性会大大增加，失效或药害的风险也就增加；三是先做混用试验，经认真观察确定没有不正常现象，进而经试验不会出现药害时，才能在田间使用；四是正确掌握农药混用的程序方法；五是农药混用应现配现用。

（2）农药的轮换、交替使用。农药的轮换、交替使用有两方面的考虑，一方面是阻止或减缓抗性的产生（这一点非常重要，如甲霜灵与噁霜灵有交互抗性，乙霉威和异菌脲有交互抗性，所以，我们使用甲霜灵后就不能再使用噁霜灵，同样，使用乙霉威后就不能再使用异菌脲）；另一方面，轮换用药可有效减少某一种化学农药的残留。

5. 做好安全防护工作

农药在使用过程中要确保人畜安全，防止中毒。许多农药对人体均有毒害作用；有些农药的毒性虽然比食盐、白糖还低，但管理上是毒性物品，所以施药时要特别注意安全，遵守以下农药使用时的安全防护原则：

（1）要使用优良的施药器械，决不能使用会滴漏的器械施药。

（2）施药者应避免农药与皮肤及口鼻接触，应根据所用农药的毒性、施药方法和地点穿戴相应的防护用品。

（3）施药时不能吸烟、喝水和吃东西。

（4）一次施药时间不宜过长，每日工作不得超过6小时。

（5）施药时应注意天气情况，一般雨天、下雨前、风力较大和气温高时（30℃以上）不宜施药。

（6）一般施用农药的田地在24小时后才能进入从事其他农事活动。

（7）施用农药的作物要设立明显的警示牌，特别是即将成熟的瓜果蔬菜等。

（8）接触农药后要用肥皂清洗身体，以及衣物；药具用后清洗要避开人畜饮用的水源。

（9）接触农药者一旦发现有头痛、头昏、恶心、呕吐等中毒症状时应立即送医院抢救治疗。

（10）农药应封闭储存于背光、阴凉、干燥处而且远离食品、饮料、饲料等，并避免与碱性物质混放。

（11）孕妇、哺乳期妇女及体弱有病者不宜施药。

（12）农药用完后，包装废弃物要妥善收集处理，不能随便乱扔。

近年来，随着农业种植结构的调整，各种作物间作套种面积迅速扩大、复种指数逐年提高，致使农作物病虫草害的种类、发生与为害呈逐年加重的趋势，造成农药施用量与施用面积成倍增加。农药施用量的增加，加大了使用农药产生副作用的风险，比如有效天敌遭到杀伤、生态环境受到巨大压力甚至遭到破坏、食品安全和农产品信任受到威胁等。只有科学使用农药，才能规避这些风险。因此，科学合理使用农药具有重大意义，不但涉及食品安全和农产品信任，而且是关系环境与生态的重大问题。所以，每一个葡萄种植者，必须学会科学使用农药。

附　　录

附录1　南方避雨栽培葡萄病虫害规范化防控技术

一、南方避雨栽培葡萄病虫害规范化防控简图

因欧亚种葡萄和巨峰系葡萄的抗性（抗虫抗病性）有差异，本部分分为：南方巨峰系葡萄避雨栽培病虫害规范化防控简图和南方欧亚种葡萄避雨栽培病虫害规范化防控简图两部分。虽然巨峰系品种内部和欧亚种品种内部抗性有差异，但从目前两个品种类群在南方的主栽品种看，从病虫害防控角度上可以粗略分成这两个品种类群，还是能比较准确地进行防控。

（一）南方巨峰系葡萄避雨栽培病虫害规范化防控简图

南方巨峰系葡萄避雨套袋栽培防控葡萄病虫害需要使用7次左右药剂：

生育期：休眠期→萌芽期→展叶2～3叶→展叶→花序展露→花序分离→始花→花期（开花20%～80%）→落花期（80%落花）→落花后1～3天→小幼果

防治期：······↑·······↑····················↑·····↑··↑·········↑
编号：···············1····················2·····3··4·········5
措施：(3～5波美度石硫合剂)·杀虫剂··············杀菌剂··杀菌剂·······································杀菌剂····杀菌剂
附加措施：································+硼肥·+硼肥（+杀菌剂）································(+杀菌剂)

生育期：小幼果→套袋→（转色期）→摘袋前→采收→采收后→落叶期→休眠→冬季修剪→休眠

防治期：········↑············↑·································↑···············↑
编号：·······················6·································7················
措施：·······果穗处理····杀菌剂+杀虫剂······················波尔多液或石硫合剂······田间卫生
附加措施：··(+杀菌剂)

（二）南方欧亚种葡萄避雨栽培病虫害规范化防控简图

南方欧亚种葡萄避雨套袋栽培防控葡萄病虫害需要使用10次左右药剂：

生育期：休眠期→萌芽期→展叶2～3叶→展叶→花序展露→花序分离→始花→花期（开花20%～80%）→落花期（80%落花）→落花后1～3天→小幼果

防治期：······↑·····↑··············↑·····↑·····↑·······································↑··········↑
编号：···············1·············2·····3····4·······································5·········6
措施：（3～5波美度石硫合剂）·杀菌剂·······（杀菌剂）·杀菌剂··杀菌剂···································杀菌剂····杀菌剂
附加措施：···········+杀虫剂···············+硼肥·+硼肥（+杀菌剂）·······························（+杀菌剂）

生育期：小幼果→套袋→（转色期）→摘袋前→采收→采收后→落叶期→休眠→冬季修剪→休眠

防治期：·········↑······↑········↑·······↑··················↑········↑················↑
编号：·················7········8··························9·······10·················
措施：·······果穗处理··杀菌剂·杀菌剂+杀虫剂·················（杀菌剂）·波尔多液或石硫合剂····田间卫生
附加措施：························（杀菌剂）·············（+杀菌剂）·····

二、南方避雨栽培葡萄病虫害防控使用药剂建议

1. 葡萄园常用保护性杀菌剂

保护性杀菌剂一般杀菌谱广，是葡萄园普遍使用的药剂，包括：

（1）无机杀菌剂（硫制剂）。石硫合剂、硫悬浮剂等。

（2）含铜杀菌剂（铜制剂）。比如波尔多液、氧氯化铜（王铜）等。

（3）有机硫杀菌剂。代森类：比如代森锰锌、代森锌等；福美类：比如福美双、福美铁等。

（4）其他杀菌剂。包括针对葡萄园开发的杀菌剂，比如50%嘧菌酯·福美双可湿性粉剂、25%嘧菌酯悬浮剂等。

2. 内吸性广谱杀菌剂

嘧菌酯、吡唑醚菌酯、噁唑菌酮（比如与代森锰锌或霜脲氰的混配制剂）等。

3. 防控霜霉病药剂

烯酰吗啉、霜脲氰、甲霜灵和精甲霜灵等。

其他：40%三乙膦酸铝可湿性粉剂、缬霉威+丙森锌、霜霉威+噁唑菌酮、双炔酰菌胺、氟吡菌胺等。

4. 防控灰霉病药剂

腐霉利、多菌灵和甲基硫菌灵、嘧霉胺、乙霉威、啶酰菌胺、氟啶胺等。

5. 防控白腐病药剂

苯醚甲环唑、多菌灵、甲基硫菌灵、氟硅唑、戊唑醇等。

6. 防控白粉病药剂

腈菌唑、大黄素甲醚、乙嘧酚、四氟醚唑、戊菌唑、武夷菌素、苯醚甲环唑、氟硅唑、戊唑醇、硫黄制剂等。

7. 杀虫剂

噻虫嗪、联苯菊酯、苯氧威等。

其他：甲氨基阿维菌素苯甲酸盐、吡虫啉、烯啶虫胺、吡蚜酮、高效氯氰菊酯、敌百虫、辛硫磷等。

三、南方避雨栽培葡萄病虫害规范化防控技术

按照南方欧亚种和巨峰系葡萄避雨栽培病虫害规范化防控技术进行说明，按照具体措施顺序进行编号。

1. 萌芽期

防治适期：是指葡萄芽萌动，从绒球至吐绿，在80%左右的芽变为绿色（但没有展叶）时，采取措施。

防控目标：杀灭、控制越冬后的病、虫，把越冬后害虫的数量、病菌的菌势压到很低的水平，从而降低病虫害在葡萄生长前期的威胁，而且为后期的病虫害防治打下基础。

南方避雨葡萄，这次措施可以和萌芽后的措施合并为1次；所以这次可以不采取措施。

建议性措施：扒除老皮；喷施3 ～ 5波美度石硫合剂（喷洒的药剂要细致周到）。

说明：本次措施对介壳虫、绿盲蝽、红蜘蛛类、白粉病、黑痘病、灰霉病、炭疽病、白腐病、杂菌等有效。

2. 展叶至开花

南方避雨栽培的葡萄，在萌芽后至开花期欧亚种葡萄一般使用3次杀菌剂；巨峰系葡萄一般使用2次杀菌剂。一般情况下都需要使用1 ～ 2次杀虫剂。缺锌的果园可以使用锌钙氨基酸300倍液2 ～ 3次。具体如下：

（1）2 ～ 3叶期。

防治适期：是指葡萄展叶后，80%以上的嫩梢有2 ～ 3片叶已经展开时，采取措施。

措施：喷施药剂，可以根据农业生产方式选择药剂（即根据有机食品、绿色食品、无公害农产品、GAP等相应的技术规范选择允许使用的药剂。以下同，不再重述）。

药剂使用具体建议：

一般情况下使用：50%噻虫嗪水分散粒剂3 000倍液。

说明：此时是防治介壳虫、绿盲蝽、毛毡病、蓟马、蚜虫、白粉病、杂菌等时期，根据葡萄园病虫害种类和农业生产方式选择药剂，比如有机农业可以使用：80%波尔多液可湿性粉剂600 ~ 800倍液+苦参碱（或藜芦碱、烟碱、矿物油乳剂等）。

其他措施：可以使用3%苯氧威乳油1 000倍液，或波尔多液+矿物油乳剂（或机油乳剂、柴油乳剂）。

调整性措施：防控螨类为主，兼治绿盲蝽、蓟马、蚜虫等害虫的果园，用药调整为10%联苯菊酯乳油3 000倍液，或2.0%阿维菌素乳油3 000倍液；防控介壳虫为主，兼治绿盲蝽、蓟马、蚜虫等害虫的果园，用药调整为3%苯氧威乳油1 000倍液；白粉病为害比较严重及有杂菌污染的果园，使用50%嘧菌酯·福美双可湿性粉剂1 500倍液+50%噻虫嗪水分散粒剂3 000倍液。

（2）花序展露期。

防治适期：是指葡萄第六片叶展叶前后，在葡萄园中100%的花序已经显露、花序继续生长，但95%的花序呈火炬状，花序梗和花梗等没有分开时，采取防控措施。

根据气候情况和葡萄园病虫害发生压力，采取措施；一般情况下，花序展露期是2 ~ 3叶期措施的补充。

南方避雨栽培的套袋巨峰系葡萄：在花序展露期可以不采取措施（防治比较好的葡萄园），也可以使用1次80%波尔多液可湿性粉剂600倍液。多雨年份，使用1次保护性杀菌剂；干旱年份，虫害发生压力大时，使用1次杀虫剂。

南方避雨栽培的套袋欧亚种葡萄：使用1次70%甲基硫菌灵可湿性粉剂1 000倍液。

（3）花序分离期。

防治适期：是葡萄花序开始为“火炬”形态，之后花序轴之间逐渐分开、花梗之间分开、花蕾之间也分开，不紧靠在一起；90%以上的花序处于花序分离状态时，就可以采取措施。

措施：喷施药剂，可以根据农业生产方式选择药剂。

南方避雨栽培的套袋巨峰系葡萄药剂使用具体建议：70%甲基硫菌灵可湿性粉剂1 000倍液+21%保倍硼可湿性粉剂3 000倍液。

南方避雨栽培的套袋欧亚种葡萄药剂使用具体建议：40%嘧霉胺悬浮剂1 000倍液+21%保倍硼可湿性粉剂3 000倍液。

说明：花序分离期是花前最重要的防治关键点，对全年的防治有决定性作用，防控重点为灰霉病。这个时期也是补硼（防止大小粒和防止落花落果）的重要时期。根据葡萄园病虫害种类和农业生产方式选择药剂，比如有机农业或其他特殊的农业生产方式，可以选择使用其生产方式允许使用的药剂，比如嘧啶核苷类抗菌素、武夷菌素等。

调整性措施：

南方避雨栽培的套袋巨峰系葡萄：如果病害发生情况比较复杂，用20%苯醚甲环唑水乳剂3 000倍液+70%甲基硫菌灵可湿性粉剂800倍液；如果病害（白粉、灰霉、杂菌污染等）发生压力小，可以省略这次用药。

南方避雨栽培的套袋欧亚种葡萄：如果病害发生情况比较复杂，用50%保倍福美双可湿性粉剂1 500倍液+40%嘧霉胺悬浮剂1 000倍液+硼肥；如果花序展露期没有使用药剂，用50%嘧菌酯·福美双可湿性粉剂1 500倍液+70%甲基硫菌灵可湿性粉剂800倍液+硼肥；如果花序展露期没有使用药剂，且病害（白粉、灰霉、杂菌污染等）发生压力小，用70%甲基硫菌灵可湿性粉剂1 000倍液+硼肥。

（4）开花前。

防治适期：葡萄花的花帽被顶起，称为开花；葡萄的花序，一般中间的花蕾先开花；有1%～5%的花序上有花蕾开花的，就是采取措施的时期。

措施：喷施药剂，可以根据农业生产方式选择药剂。

南方避雨栽培的套袋巨峰系葡萄：30%代森锰锌悬浮剂（万保露）600倍液+50%腐霉利可湿性粉剂1 000倍液+21%保倍硼可湿性粉剂3 000倍液（+杀虫剂）。

南方避雨栽培的套袋欧亚种葡萄：20%苯醚甲环唑水乳剂3 000倍液+50%腐霉利可湿性粉剂1 000倍液+21%保倍硼可湿性粉剂3 000倍液（+杀虫剂）。

说明：开花前是保花最重要的时期，与花序分离期一样，此时采取的措施对防治白粉病、白腐病、灰霉病、穗轴褐枯病等都有效，但此时的防控重点是灰霉病、穗轴褐枯病。根据葡萄园病虫害种类和农业生产方式选择药剂，比如有机农业或其他特殊的农业生产方式，可以选择使用其生产方式允许使用的药剂，比如波尔多液、嘧啶核苷类抗菌素、武夷菌素等。

可以选取的其他措施：50%嘧菌酯·福美双可湿性粉剂1 500倍液+50%腐霉利可湿性粉剂1 000倍液+21%保倍硼可湿性粉剂3 000倍液（+杀虫剂）。

注1：避雨加促成栽培的巨峰系葡萄，在展叶后至开花前遇到连续低温阴雨、棚内湿度大，在展叶后至开花前可以选择以下4次措施：

①2～3叶期：30％代森锰锌悬浮剂(万保露)800倍液+50％噻虫嗪水分散粒剂（狂刺）3 000倍液；

②花序展露期：20％苯醚甲环唑水乳剂3 000倍液；

③花序分离期：50％嘧菌酯·福美双可湿性粉剂1 500倍液+70％甲基硫菌灵可湿性粉剂800倍液+21％保倍硼可湿性粉剂3 000倍液；

④开花前：50％嘧菌酯·福美双可湿性粉剂1 500倍液+50％腐霉利可湿性粉剂1 000倍液+21％保倍硼可湿性粉剂3 000倍液。

注2：避雨加促成栽培的欧亚种葡萄，在展叶后至开花前遇到连续低温阴雨、棚内湿度大，在展叶后至开花前可以选择以下4次措施：

①2～3叶期：30％代森锰锌悬浮剂800倍液+50％噻虫嗪水分散粒剂（狂刺）3 000倍液；

②花序展露期：50％嘧菌酯·福美双可湿性粉剂1 500倍液+40％嘧霉胺悬浮剂800倍液；

③花序分离期：50％嘧菌酯·福美双可湿性粉剂1 500倍液+70％甲基硫菌灵可湿性粉剂800倍液+21％保倍硼可湿性粉剂3 000倍液；

④开花前：50％嘧菌酯·福美双可湿性粉剂1 500倍液+50％腐霉利可湿性粉剂1 000倍液（+杀虫剂）。

3. 谢花后至套袋

（1）谢花后第一次措施。

防治适期：葡萄花帽从柱头上脱落，称为落花；葡萄80％的花序落花结束，其余20％的花序部分花帽脱落（其余正在开花），之后的1～3天，就是采取措施的时期。

措施：喷施药剂，可以根据农业生产方式选择药剂。

南方避雨栽培的套袋巨峰系葡萄：50％嘧菌酯·福美双可

湿性粉剂可湿性粉剂1 500倍液。

南方避雨栽培的套袋欧亚种葡萄：50%嘧菌酯·福美双可湿性粉剂1 500倍液+70%甲基硫菌灵可湿性粉剂800倍液。

说明：落花后是全年病虫害防治的重点，必须考虑所有重要的病虫害；谢花后是灰霉病、白粉病、杂菌等的重要防治时期，一般情况下需要使用药剂；可以根据农业生产方式进行选择，比如有机农业或其他特殊的农业生产方式可以选择波尔多液、嘧啶核苷类抗菌素、武夷菌素、亚磷酸等。

（2）谢花后第二次措施。

防治适期：谢花后的15天左右，是果实膨大的始期；一般情况下，坐果已经结束，果穗形状已基本定型；距离上次农药的使用有过了12天左右，就是采取措施的时期。

措施：喷施药剂，可以根据农业生产方式选择药剂。

药剂使用具体建议：一般情况下，巨峰系葡萄和欧亚种葡萄，都可以使用30%代森锰锌悬浮剂（万保露）600倍液+40%氟硅唑乳油8 000倍液+保倍钙1 000倍液（+杀虫剂）。

说明：此时是落花后第二次使用农药，与第一次相辅相成，主要防治白粉病、杂菌等；也是介壳虫、斑衣蜡蝉、透翅蛾等害虫的防治时期，根据虫害发生情况（种类和严重程度）确定是否再加入防治虫害的药剂；药剂的种类，可以根据农业生产方式进行选择，比如有机农业或其他特殊的农业生产方式可以选择波尔多液、嘧啶核苷类抗菌素、武夷菌素、亚磷酸等。

调整性措施：

南方避雨栽培的套袋巨峰系葡萄：可以使用70%甲基硫菌灵可湿性粉剂800倍液+钙肥；如果病害（白粉病、灰霉病、杂菌污染等）发生压力小，可以省略这次用药。

南方避雨栽培的套袋欧亚种葡萄：可以使用40%氟硅唑乳

油8 000倍液+钙肥；如果病害（白粉病、白腐病、杂菌污染等）发生压力小，使用50%嘧菌酯·福美双可湿性粉剂1 500倍液+钙肥。

（3）套袋前果穗处理。

防治适期：谢花后的25天左右，也是果实第一次迅速膨大的时期；首先进行果穗整形，果穗整形后立即（20小时内）进行整形后的果穗处理；处理果穗后，一般在1 ～ 3天内套袋。

措施：果穗药剂处理。

药剂使用具体建议：25%嘧菌酯悬浮剂3 000倍液+20%苯醚甲环唑水乳剂3 000倍液+50%抑霉唑乳油3 000倍液。

说明：套袋前果穗处理，是防控套袋后果实腐烂等病害的重要措施之一，可以在果穗整形后、套袋前进行果穗处理；根据天气和套袋时间，在谢花后至套袋前使用1 ～ 2次药剂，附加果穗整形后果穗处理。

4. 套袋后至摘袋前

南方避雨栽培的套袋葡萄，从果实套袋后至摘袋前，需要根据天气情况和病虫害发生的压力使用1 ～ 4次药剂（巨峰系葡萄1 ～ 2次；欧亚种葡萄2 ～ 4次；最为重要的、必须采取防控措施的防治点是套袋后、转色始期和摘袋前；其他时期，一般情况下不使用药剂）。对于连续几年防控效果好的果园，在天气条件好时，巨峰系葡萄套袋后使用1次，或不使用药剂，欧亚种葡萄套袋后可以使用1 ～ 2次药剂。

（1）套袋后。

防治适期：果穗整形、果实处理、套袋等田间作业完成后，就是这一时期；因套袋前田间操作比较多、伤口比较多，套袋结束后建议使用一次杀菌剂（或者套袋完成一块地，就马上使用药剂）。

药剂使用具体建议：一般情况下，如果使用，可以选择保护性杀菌剂。

（2）转色期。

防治适期：葡萄的果实开始上色，从绿色变为粉红色；开始只是个别果粒，之后整个果穗开始变色；再之后颜色会逐渐加深。有5%～10%果粒开始上色的时间，为此次防治时期。

措施：喷施药剂，杀菌剂+杀虫剂。

药剂使用具体建议：80%波尔多液可湿性粉剂600倍液+10%联苯菊酯乳油3 000倍液。

说明：重点防控酸腐病，兼治白粉病。没有酸腐病的葡萄园，可以省略这次用药。

（3）摘袋前。

防治适期：根据果实成熟程度、天气或市场需求，选择摘袋时间；摘袋前必须使用一次药剂，以保证成熟及采摘期间的安全。

药剂使用具体建议：50%嘧菌酯·福美双可湿性粉剂1 500倍液，或25%嘧菌酯悬浮剂1 000倍液，或波尔多液（1∶1∶200）等。

说明：葡萄在果袋内果实上色比较慢，为加快上色，一般采用摘袋措施，摘袋后7天左右，果实成熟度、果实颜色等都可以达到成熟水平，进行采收；也可以根据天气或市场需求，适当延迟摘袋，摘袋时果实已经成熟，摘袋后果实很快上色，达到紫色，而后进行采收。因摘袋后不再使用农药防治病虫害，并且摘袋后到采收以及采收期间，有比较长的一段时间，因此要求摘袋前必须使用一次药剂，以减少病虫害的为害机会，保证成熟、采摘期间的安全。

南方避雨栽培的套袋巨峰系葡萄：如果病害（白粉病、杂菌污染等）发生压力小，可以省略这次用药；一般情况下建议使用1次波尔多液等保护性杀菌剂。

南方避雨栽培的套袋欧亚种葡萄：可以使用50%嘧菌酯·福美双可湿性粉剂1 500倍液，或25%嘧菌酯悬浮剂1 000倍液，或波尔多液（1 ∶ 1 ∶ 200）等；如果病害（白粉病、灰霉病、杂菌污染等）发生压力大，使用20%苯醚甲环唑水乳剂3 000倍液+50%腐霉利可湿性粉剂1 000倍液。

5. 采收期

套袋葡萄采收前15天不使用内吸性药剂（不套袋葡萄，采收前15天不使用任何药剂）；采收前5天或摘袋后，不使用药剂和其他病虫害防控措施；出现特殊情况，按照采收期的救灾措施执行。

6. 采收后

一般使用1 ～ 3次药(采收后，立即使用1次药剂，之后根据情况使用药剂)。

采摘后与揭膜。由于薄膜容易老化，在使用一个季节后透光率往往显著下降，有些甚至可降至50%。因此，在实践中采收之后应尽快揭去薄膜，改善葡萄的光照。但揭膜之后葡萄就处于露天之下，雨水多时，病害可能为害加重。

①巨峰等欧美杂交品种：因为其抗性较强，可以在采收后马上揭膜，但最好是在施药后揭膜或是揭膜后立即使用一次药剂；在揭膜后需要喷2 ～ 4次药剂。如果不揭膜，使用1 ～ 2次药剂（1次波尔多液，采收后立即使用；1次石硫合剂，在落叶期使用）。

②欧亚种葡萄（早熟品种）：可以在落叶前30 ～ 40天揭膜，一般使用3 ～ 5次药剂：

采收后：使用1次50%嘧菌酯·福美双可湿性粉剂1 500倍液。

揭膜后：首先使用1次25%嘧菌酯悬浮剂1 500倍液。之后根据天气情况使用药剂，比如使用保护性杀菌剂波尔多液200倍液［1 ∶（0.5 ～ 0.7）∶ 200］或80%波尔多液可湿性粉剂800

倍液，15天左右1次。

③欧亚种葡萄（晚熟品种）：一般采收后马上揭膜。揭膜后至少使用2次药，如下：

揭膜后尽快使用1次25%嘧菌酯悬浮剂（保倍）1 500倍液或50%嘧菌酯·福美双可湿性粉剂1 500倍液。

之后根据天气情况使用药剂，比如使用保护性杀菌剂波尔多液200倍液［1 ：（0.5 ～ 0.7） ：200］或80%波尔多液可湿性粉剂800倍液，15天左右1次。

注：揭膜后发生霜霉病，按照救灾措施处理。

7. 落叶期

防治适期：葡萄开始落叶时，使用此次药剂。

措施：喷施药剂。

药剂使用具体建议：石硫合剂。

说明：葡萄落叶前病虫害的防治，会减少病虫害的越冬基数，为第二年的病虫害防治打下基础。

8. 休眠期

防治适期：葡萄落叶后进入休眠期；休眠期要进行修剪、清园，一般葡萄落叶后就可以进行，也可以在第二年的伤流期之前的任何时期进行。

防控目标：减少害虫的数量、降低菌势（减少病菌的数量），为第二年的病虫害防治打下基础。

措施：在秋天落叶后，清理田间落叶，沤肥或处理；修剪下来的枝条，集中处理；也包括在伤流期前，清理田间葡萄架上的卷须、枝条、叶柄等，及剥除老树皮。

四、南方巨峰葡萄病虫害规范化防控技术简表

按照上文内容，可以根据葡萄园的具体情况，确定一个生育周期（一年）的葡萄病虫害规范化防控方案，称为简表。

南方避雨栽培巨峰葡萄病虫害规范化防控技术简表

时期		措施	备注
萌芽后展叶前		（5波美度石硫合剂）	
发芽后至开花前	2～3叶	5%啶虫脒5 000倍液或0.2～0.3波美度石硫合剂	一般使用2次杀菌剂、1次杀虫剂。促成栽培的，在花序展露期加用1次药剂。缺锌的葡萄园可加用锌钙氨基酸300倍液2～3次
	花序展露		
	花序分离	70%甲基硫菌灵可湿性粉剂800倍液+21%保倍硼可湿性粉剂3 000倍液	
	开花前	30%代森锰锌悬浮剂（万保露）600倍液+50%腐霉利可湿性粉剂1 000倍+21%保倍硼可湿性粉剂3 000倍液	
谢花后至套袋前	谢花后2～3天	50%嘧菌酯·福美双可湿性粉剂1 500倍液（+钙肥）	根据套袋时间，使用2～3次药剂。套袋前用药剂处理果穗。 有裂果压力的果园可以在套袋前喷施保倍钙1 000倍液2～3次
	谢花后15天左右	30%代森锰锌悬浮剂（万保露）600倍液+40%氟硅唑乳油8 000倍液+保倍钙1 000倍液（+杀虫剂）	
	套袋前1～3天	50%嘧菌酯·3 000倍液+20%苯醚甲环唑水乳剂3 000倍液+50%抑霉唑乳油3 000倍液（+杀虫剂）	
套袋后至摘袋前	套袋后		此时为增糖上色可施用磷钾氨基酸300倍液4次
	转色期	80%波尔多液可湿性粉剂600倍液+10%联苯菊酯乳油3 000倍液	
	摘袋前		
采收		不使用药剂	
采收后		马上用1次80%波尔多液可湿性粉剂800倍液；之后以铜制剂为主，直至落叶期	根据品种、揭膜时间确定
落叶前		（石硫合剂）	

南方避雨栽培欧亚种葡萄病虫害规范化防控技术简表

时期		措施	备注
萌芽后展叶前		（5波美度石硫合剂）	
发芽后至开花前	2～3叶	5%啶虫脒5 000倍液或0.2～0.3波美度石硫合剂	一般使用3次杀菌剂、1次杀虫剂。促成栽培的，在花序展露期加用1次保倍福美双。缺锌的葡萄园可加用锌钙氨基酸300倍液2～3次
	花序展露	70%甲基硫菌灵可湿性粉剂800倍液	
	花序分离	40%嘧霉胺悬浮剂1 000倍液+21%保倍硼可湿性粉剂3 000倍液	
	开花前	50%嘧菌酯·保倍福美双可湿性粉剂1 500倍液+50%腐霉利可湿性粉剂1 000倍液+21%保倍硼可湿性粉剂3 000倍液	
谢花后至套袋前	谢花后2～3天	50%嘧菌酯·福美双可湿性粉剂1 500倍液+70%甲基硫菌灵可湿性粉剂800倍液（+钙肥）	根据套袋时间，使用2～3次药剂。套袋前用药剂处理果穗。 有裂果压力的果园可以在套袋前喷施保倍钙1000倍液2～3次
	谢花后15天左右	30%代森锰锌悬浮剂（万保露）600倍液+40%氟硅唑乳油8 000倍液+保倍钙1 000倍液（+杀虫剂）	
	套袋前1～3天	25%嘧菌酯可湿性粉剂（保倍）1 500倍液+20%苯醚甲环唑水乳剂3000倍液+50%抑霉唑乳油3 000倍液（+杀虫剂）	
套袋后至摘袋前	套袋后		此时为增糖上色，可施用磷钾氨基酸300倍液4次
	转色期	80%波尔多液可湿性粉剂600倍液+10%联苯菊酯乳油3 000倍液	
	摘袋前	50%嘧菌酯·福美双可湿性粉剂1 500倍液	

（续）

时　期	措　施	备　注
采收	不使用药剂	
采收后	马上用1次如保倍等线粒体呼吸抑制剂；之后以铜制剂为主，直至落叶期	根据品种、揭膜时间确定
落叶前	（石硫合剂）	

五、南方避雨栽培葡萄病虫害规范化防控减灾预案

葡萄病虫害防控是一个连续、规范并且根据气象条件调整的过程，其总方针是“预防为主、综合防治”。这个过程既包括建立葡萄园前和建立过程中的防控，也包括葡萄园建立后的合理栽培技术、葡萄保健栽培措施和根据当地已经具有的葡萄病虫害种类及发生规律进行的农药精准使用等。成功的防控，包括准确的时期、科学的措施和使用精准到位。如果某一项措施不到位，或者由于特殊的气象条件，导致某种病虫害普遍发生或严重发生，这时需要有保证食品安全的救灾预案，以保证在病虫害发生时尽量减少损失，并且尽量保证第二年的产量。以下是防治葡萄病虫害减灾预案：

（1）花期出现烂花序。用25%嘧菌酯悬浮剂1 500倍液+50%抑霉唑乳油3 000倍液，喷花序。

（2）花期同时出现灰霉病和霜霉病侵染花序。施用25%嘧菌酯悬浮剂1 500倍液+50%抑霉唑乳油3 000倍液+50%烯酰吗啉水分散粒剂（金科克）2 000倍液，喷花序。

（3）发现果实腐烂比较普遍。摘袋，使用25%嘧菌酯悬浮剂1 500倍液+20%苯醚甲环唑水乳剂3 000倍液+50%抑霉唑乳油3 000倍液，刷果穗；果穗上的药液干燥后，使用新果袋重新套袋。

（4）发现酸腐病。刚发生时，马上全园施用1次10%联苯菊酯乳油3 000倍液+30%王铜悬浮剂800倍液（或80%波尔多液可湿性粉剂600倍液）；然后尽快剪除发病穗，疏去病果粒，并对病果穗进行处理（50%灭蝇胺可湿性粉剂1 000倍液或10%吡丙醚悬浮剂1 200倍液）；剪除的病果穗不能留在田间，收集在一起并处理；田间有大量醋蝇存在的果园，首先去除病果穗和病果粒，在没有风的晴天时进行熏蒸，并对果穗进行处理。

注：酸腐病绿色防控技术

杀虫液的配制：10%吡丙醚悬浮剂（醋蝇诱杀剂）500～800倍液混配10%高效氯氰菊酯悬浮剂500倍液。

诱集器的制备：使用防控酸腐病的专业诱集器（专利产品），或使用矿泉水瓶、废旧塑料容器等制备的简易诱集器（容器为敞口，容器边沿打孔拴上细绳或细铁丝，悬挂到葡萄架上）。

诱集器的处理：①使用少量配好的杀虫液，润洗容器内壁，使药液接充分触到容器内壁；②把疏理下来的病果粒、裂果等放入杀虫液中浸泡5～10分钟（浸泡时间可以超出10分钟）捞出，把浸泡药液的烂果粒、病果粒、裂果粒，放入容器中，每个容器5～10粒；③果蝇诱集剂的使用：在容器中和处理后的果粒上喷洒果蝇诱集剂。

诱集器的悬挂：将容器悬挂于发生酸腐病果穗的植株周围，沿着主蔓，每株挂3个。

诱集器的更新和再利用：若超过30天，把容器内的病果粒倒出（用土掩埋），用杀虫液重新处理诱集器，之后加入重新浸泡的果粒，在诱集器内喷果蝇诱集剂，之后重新悬挂。

（5）霜霉病救灾。发现霜霉病的发病中心或霜霉病发生比较严重或比较普遍。出现和发现发病中心，在发病中心及周围，使用1次50%烯酰吗啉水分散粒剂（金科克）3 000倍液+50%嘧菌酯·福美双可湿性粉剂1 500倍液；霜霉病发生比较严重或比较普遍，先使用1次50%烯酰吗啉水分散粒剂（金科克）3 000倍液+25%嘧菌酯悬浮剂（保倍）1 500倍液，3天左右使用40%三乙膦酸铝可湿性粉剂1 500倍液，4天后使用保护性杀菌剂+霜霉病内吸性杀菌剂［比如30%代森锰锌可湿性粉剂（万保露）600倍液+80%霜脲氰水分散粒剂3 000倍液］，而后8天左右用1次药剂，以保护性杀菌剂为主。

附录2　北方露地栽培葡萄病虫害规范化防控技术

以河北省中南部为例进行介绍。葡萄的主要真菌性病害有霜霉病、白腐病、黑痘病、灰霉病、褐斑病、穗轴褐枯病等，生理性病害主要为气灼病、生理性裂果病，综合性病害主要为葡萄酸腐病；虫害主要为蓟马、叶蝉、绿盲蝽、东方盔蚧、斑衣蜡蝉、红蜘蛛、金龟子等。其中，每年必须防治的病虫害有霜霉病、白腐病、灰霉病、酸腐病、绿盲蝽、叶蝉等。

一、葡萄病虫害规范化防控技术

葡萄病虫害防治在于前期预防，在关键时期采取适当的措施才能成功控制葡萄病虫害。通过文献梳理和田间调查，整理出了葡萄园病虫害防治关键点并梳理出了主要措施。一般情况下，河北省中南部露地葡萄需要使用7 ～ 10次药剂，具体用药次数可根据当年的气候条件和发病情况灵活掌握。

北方露地栽培葡萄病虫害规范化防控技术简图（以河北为例）

生育期：休眠期→萌芽期→展叶2～3叶→展叶→花序展露→花序分离→开花前→花期（开花20%～80%）→落花期（80%落花）→落花后1～3天→小幼果

防治期：· · · · · ↑ · · · · · · · ↑ · · · · · ↑ · · · · · · · · · · · ↑ · · · · · ↑ · ↑ · · · · · · · · ↑
编号：· · · · · · · · · · · · · · ·1· ·2· ·3· · · · · · · ·4
措施：· · · · ·杀菌剂 · · ·杀虫剂 ·（杀虫剂）· · · · · ·（杀菌剂）·杀菌剂 ·杀菌剂 · · ·杀菌剂 ·
附加措施：· · · · · · · · · ·（+杀菌剂）· · · · · · · · · · · ·+硼肥 ·（+杀虫剂）· ·（+杀菌剂）

生 育 期 ：小 幼 果 → 封 穗 ——→ （转 色 期 ）——→ 成 熟 期 → 采 收 → 采 收 后 → 落 叶 期 → 休 眠 → 冬 季 修 剪 → 休 眠

防治期：· · · · · · · · ↑ · · · · · ↑ · · · · · ↑ · · · · · · · · ↑ · · · · · · ↑ · ↑ · · · · · · · ↑ · · · · · · · · · · · · · · · · · · ↑
编号：· · · · · · · · · · ·5· · · · · · · · · · ·6· · · · · · · · ·7· ·8· · · · · · ·9· · · · · · · · · · · · · · · · · ·
措施：· · · · · · · ·杀菌剂 ·（杀菌剂）·杀菌剂 · · ·杀虫剂 · · ·（杀菌剂）· · · · · · · · · · · ·波尔多液 · · ·石硫合剂 · · · · · · · · · · · ·田间卫生
附加措施：· ·（+杀菌剂）· · · · · · · · · · · · · · · · · · · ·（+机油乳剂）· · · · · · · ·

重要的防治时期是萌芽前和展叶后（两个时期可以合并）、开花前、谢花后、封穗前、转色期、采收后和落叶前，其他时期可以根据品种特点和气象条件，并结合田间观测、监测技术等进行防控。

1.出土上架至萌芽前

防治适期：葡萄芽萌动后，从绒球至吐绿，在80%左右的芽变为绿色（但没有展叶）时。

防控目标：杀灭、控制越冬后的病虫源，把越冬后害虫的数量、病菌的菌势压到很低的水平，从而降低病虫害在葡萄生长前期的威胁，而且为后期的病虫害防治打下基础。

措施：扒除老皮；喷施3～5波美度石硫合剂，要求喷洒细致全面，架材和地面都要喷到。

说明：发芽前是减少或降低病原菌、害虫数量的重要时期，在清理果园，做好田间卫生的基础上，应根据天气和病虫害的发生情况，选择措施。一般来讲，在芽的鳞片脱落后、叶片展露前，越晚使用效果越好，展叶前时使用5波美度石硫合剂，个别芽已经展叶后可以适当降低石硫合剂的浓度，使用3波美度石硫合剂。

调整性措施：对于上年白腐病严重的果园，可在出土后马上用一次50%福美双可湿性粉剂600倍液。埋土时枝干有损伤的果树，对伤口可以用40%苯醚甲环唑水分散粒剂3 000倍液或40%氟硅唑乳油8 000倍液处理伤口。绒球至吐绿时，再用石硫合剂。

2.发芽后开花前

（1）2～3叶期。

防治适期：葡萄展叶后，80%以上的嫩梢有2～3片叶已经展开时。

措施：施用10%联苯菊酯乳油3 000倍液。一般年份，绿盲蝽是必须防治的害虫；有介壳虫的果园，使用50%噻虫嗪水分散粒剂3 000倍液代替联苯菊酯；绿盲蝽发生较重的果园，可在这次用药后6天之内再用一次杀虫剂（比如第一次使用10%联苯菊酯乳油3 000倍液，第二次使用50%噻虫嗪水分散粒剂3 000倍液）。

说明：此时是防治害虫（介壳虫类、螨类、盲蝽类、食叶金龟子类等）的重要时期。如果存在这些害虫，这个时期需采取措施。

注：以往病虫害防治措施落实得好、病虫害发生比较轻的葡萄园，可以和发芽前农药合并使用，使用1次药剂。

（2）花序展露期。根据气候情况和葡萄园病虫害发生压力采取措施。一般情况下，花序展露期是2～3叶期措施的补充；葡萄在花序展露期一般不需要采取措施。多雨年份，使用一次保护性杀菌剂；干旱年份，害虫发生压力大时，使用一次杀虫剂。

（3）花序分离期。

防治适期：葡萄花序开始为“火炬”形态，之后花序轴之间逐渐分开、花梗之间分开、花蕾之间也分开，不紧靠在一起；90%以上的花序处于花序分离状态时。

措施：50%嘧菌酯·福美双可湿性粉剂1 500倍液+21%保倍硼可湿性粉剂2 000倍液。

说明：花序分离期是开花前最重要的防治点之一，是各种病菌数量的增长期，也是炭疽病、霜霉病、黑痘病、灰霉病等病害的防治适期。以保护性杀菌剂为主，杀灭病菌和压低菌量；葡萄容易受缺硼影响，建议混合使用硼肥；根据葡萄园病虫害种类和农业生产方式选择药剂，比如有机农业或其他特殊的农业生产方式，可以选择使用波尔多液、嘧啶核苷类抗菌素、武夷菌素等。

调整性措施：以往病虫害防治措施落实得好、病虫害发生比较轻的葡萄园，可以省略这次药剂；一般情况下，使用保护性杀菌剂和硼肥，比如50%嘧菌酯·福美双可湿性粉剂1 500倍液+21%保倍硼可湿性粉剂2 000倍液；雨水较多的年份或灰霉病发生较重的果园，加强灰霉病的防治，与灰霉病药剂混合使用，比如50%嘧菌酯·福美双可湿性粉剂1 500倍液+21%保倍硼可湿性粉剂2 000倍液+40%嘧霉胺悬浮剂1 000倍液。

（4）开花前。

防治适期：葡萄花的花帽被顶起，称为开花；葡萄花序中，一般中间的花蕾先开花；有1%～5%的花序上有花蕾开花时。

措施：喷施药剂，一般使用保护性杀菌剂+防治灰霉病和穗轴褐枯病的药剂，比如50%嘧菌酯·福美双可湿性粉剂1 500倍液+70%甲基硫菌灵可湿性粉剂800倍液（+锌硼氨基酸300倍液）。

说明：开花前是重要的防治点，不管是什么品种都要使用农药防治葡萄病虫害；由于所针对的病害比较多，一般不主张单用一种药剂进行防治，尤其是单用一种内吸性杀菌剂，推荐保护性杀菌剂和内吸性杀菌剂结合施用，确保花期安全，因为开花前是多种病虫害发生期，并且花期是最为脆弱的时期，一旦遭受危害，损失难以弥补；药剂的使用，以针对伤害花序、花梗、花的病虫为主；如果田间还有绿盲蝽、蓟马、金龟子、叶甲等为害的，要另加杀虫剂。

3. 花期

开花前至落花后主要防治目标是穗轴褐枯病、黑痘病、炭疽病和绿盲蝽等。由于花前已经重点防治，花期不建议使用农药，避免影响授粉坐果。

4. 谢花后至封穗期

（1）落花后。

防治适期：葡萄花帽从柱头上脱落，称为落花；葡萄80%的花序落花结束，其余20%的花序部分花帽脱落（其余正在开花），之后的1～3天。

措施：对灰霉病、霜霉病、白腐病和炭疽病有效的保护性杀菌剂和针对杂菌的内吸性杀菌剂，比如50%嘧菌酯·福美双可湿性粉剂1 500倍液+40%苯醚甲环唑悬浮剂3 000倍液（+杀虫剂）。

说明：落花后是葡萄多种病害的防治关键时期，是黑痘病、炭疽病、白腐病等的防治适期；对于多雨或湿度大的地块，霜霉病、灰霉病也是防治适期；同时是叶蝉、介壳虫的防治点；落花后也是果皮幼嫩、脆弱的时期，所以要选择对幼果安全的药剂。这时也是“前狠后保”中“前狠”的重要时期。药剂的种类，可以根据农业生产方式进行选择，比如有机农业或其他特殊的农业生产方式可以选择波尔多液、嘧啶核苷类抗菌素、武夷菌素、亚磷酸等。

调整性措施：对于感灰霉病的品种，防治灰霉病是重点，使用保护性杀菌剂和针对灰霉病的内吸性杀菌剂，50%嘧菌酯·福美双可湿性粉剂1 500倍液+50%腐霉利可湿性粉剂800～1 000倍液。

（2）果实膨大期。

防治适期：谢花后的12～15天，是果实膨大始期。一般情况下，坐果已经结束，果穗形状已基本定型。

措施：喷施50%嘧菌酯·福美双可湿性粉剂1 500倍液。天气好的年份，尤其是去年虫害防治比较好的果园，可以省略这次用药（天气好但去年防治情况一般的，建议继续使用药剂）。

落花后的第二次用药，与第一次相辅相成；以减轻白腐病和后期的炭疽病发生压力为重点，也同时对灰霉病、霜霉病等起到重要的预防作用；药剂的种类可以选择波尔多液、嘧啶核苷类抗菌素、武夷菌素等。

（3）封穗前。

防治适期：谢花后的25天左右，也是果实迅速膨大的时期，距离上次药剂使用10天左右；在果粒之间还有缝隙，喷洒的药剂能到达穗轴和果梗。

措施：一般情况下，使用保护性杀菌剂，比如波尔多液400倍液或50%嘧菌酯·福美双可湿性粉剂1 500倍液；病害发生压力大或雨水较多时，保护性杀菌剂和内吸性杀菌剂混合使用，比如50%嘧菌酯·福美双可湿性粉剂1 500倍液+70%甲基硫菌灵可湿性粉剂1 000倍液（+保倍钙1 000倍液）等。

说明：重点针对穗部（尤其是穗轴和果梗上的）病虫害，比如炭疽病、白腐病、黑痘病、曲霉类病害等；选择的药剂也是防治霜霉病的有效药剂。对于介壳虫类尤其是粉蚧类，也是重要的防治时期。这个时期可以补充钙肥。

5. 封穗至转色期

封穗期：果粒第一次迅速膨大后，葡萄果穗上的果实互相挨在一起，已经看不到果穗上的果梗和穗轴，这个时期称为封穗期。

具体建议：封穗期到转色一般使用1 ～ 3次药剂，以保护性杀菌剂为主，并根据品种特征和气象条件与内吸性杀菌剂配合使用，如红地球葡萄：首先使用50%嘧菌酯·福美双可湿性粉剂1 500倍液+50%烯酰吗啉水分散粒剂（金科克）3 000倍液，8 ～ 10天后使用30%代森锰锌悬浮剂（万保露）600倍液+40%氟硅唑乳油8 000倍液；如巨峰葡萄：首先使用50%嘧菌酯·福美双可湿性粉剂1 500倍液+40%氟硅唑乳油8 000倍液，8 ～ 10天后使用30%代森锰锌悬浮剂（万保露）600倍液+50%烯酰吗啉水分散粒剂（金科克）3 000倍液；如夏黑葡萄：首先使用30%代森锰锌悬浮剂（万保露）600倍液+40%氟硅唑乳油8 000倍液，之后以波尔多液为主。

说明：封穗后，一般是7月20日之后，进入了雨季，应特别注意防控霜霉病；建议选择用耐雨水且经济有效的波尔多液或代森锰锌等保护性杀菌剂，并且需要配合霜霉病的内吸性治疗剂混合施用，降低田间病源基数和防止霜霉病暴发。

6. 转色至成熟期

防治适期：葡萄的果实开始上色，从绿色变为粉红色（绿色或黄色葡萄品种，果皮开始发亮）；开始只是个别果粒，之后整个果穗开始变色；再之后颜色会逐渐加深。有5%～10%果粒开始上色时，为转色期。转色后至成熟，葡萄一般需要40天左右（品种不同，差异较大）。

用药建议：转色至成熟期一般使用1～3次药剂。第一次是针对所有穗部病害（比如白腐病、炭疽病、溃疡病等）的防控，第二次是防控所有穗部病害的同时重点针对酸腐病，第三次是防控所有穗部病害的同时重点针对灰霉病，最后一次使用农药15～20天后进入采收期。

措施：第一次用药：80%波尔多液可湿性粉剂600倍液+40%苯醚甲环唑悬浮剂4 000倍液（去年病害发生比较重的果园，可以单独使用50%嘧菌酯·福美双可湿性粉剂1 500倍液）；第二次用药：80%波尔多液可湿性粉剂800倍液+10%联苯菊酯乳油3 000倍液；第三次用药：波尔多液200倍液。

说明：使用农药的次数，是根据品种特性、病虫害发生压力（根据监测和预警技术而定）、天气情况等综合确定。防止霜霉病暴发流行、预防葡萄酸腐病、控制灰霉病侵染是这个时间段的工作重点，尤其是酸腐病的预防（一旦发生酸腐病没有很好的救灾办法，因此必须严格预防）。天气好的年份，尤其是去年几乎没有灰霉病、酸腐病发生的葡萄园，但有霜霉病发生风险时，可以单独使用1～2次波尔多液或代森锰锌或50%嘧菌酯·福美双可湿性粉剂1 500倍液；天气好，且连续多年成功防控病虫害的果园，在转色后可以不使用药剂。

注：酸腐病绿色防控技术

杀虫液的配制：10%吡丙醚悬浮剂（醋蝇诱杀剂）500 ~ 800倍液混配10%高效氯氰菊酯悬浮剂500倍液。

诱集器的制备：使用防控酸腐病的专业诱集器（专利产品），或使用矿泉水瓶、废旧塑料容器等制备的简易诱集器（容器为敞口，容器边沿打孔拴上细绳或细铁丝，悬挂到葡萄架上）。

诱集器的处理：①使用少量配好的杀虫液，润洗容器内壁，使药液接充分触到容器内壁；②把疏理下来的病果粒、裂果等放入杀虫液中浸泡5 ~ 10分钟（浸泡时间可以超出10分钟）捞出，把浸泡药液的烂果粒、病果粒、裂果粒，放入容器中，每个容器5 ~ 10粒；③果蝇诱集剂的使用：在容器中和处理后的果粒上喷洒果蝇诱集剂。

诱集器的悬挂：将容器悬挂于发生酸腐病果穗的植株周围，沿着主蔓，每株挂3个。

诱集器的更新和再利用：若超过30天，把容器内的病果粒倒出（用土掩埋），用杀虫液重新处理诱集器，之后加入重新浸泡的果粒，在诱集器内喷果蝇诱集剂，之后重新悬挂。

7. 采收期

葡萄采收前15天，不使用任何药剂；采收前5天，不使用其他病虫害防控措施。出现特殊情况，按照采收期的救灾措施执行。

8. 采收后至冬季修剪前

葡萄果实采收后，立即喷洒一次药剂，一般使用铜制剂（如果需要使用杀虫剂，用80%波尔多液可湿性粉剂600倍液或30%氧氯化铜悬浮剂800倍液等与杀虫剂混合使用；如果单独使用铜制剂，可以选择波尔多液或其他铜制剂）；这个时期一般使用1 ～ 2次药剂。

说明：葡萄采收后，葡萄的枝条需要充分老熟，枝蔓和根系需要营养的充分积累，所以要避免病虫为害导致早期落叶；葡萄采收后病虫害的防治，会减少病虫害的越冬基数，为第二年病虫害防治打下基础。

调整性措施：有些晚熟品种，采收后就进入了落叶期；采收后直接冬剪，之后使用1次石硫合剂后埋土防寒。

9. 冬季修剪、埋土防寒及休眠期

葡萄落叶前后开始修剪，修剪后，喷施石硫合剂或波尔多液（+杀虫剂），2 ～ 3天后，埋土防寒。

葡萄落叶后就进入休眠期；修剪埋土后采取清园措施，包括彻底清扫落叶、落果等病残体，修剪下来的枝条，集中烧毁等。

二、北方露地栽培葡萄病虫害规范化防控减灾预案

葡萄病虫害防控是一个连续、规范并且根据气象条件调整的防治病虫害的过程，其总方针是“预防为主、综合防治”。这个过程既包括建立葡萄园前和建立过程中的防控，也包括葡萄园建立后的合理栽培技术、葡萄保健栽培措施和根据当地已经具有的葡萄病虫害种类及发生规律进行的农药精准使用等。成功的防控，包括准确的时期、科学的措施和使用精准到位；如果某一项措施不到位，或者由于特殊的气象条件，导致某种病虫害普遍发生或严重发生，这时需要有保证食品安全的救灾预案，以保证在病虫害发生时尽量减少损失，并且尽量保证第二年的产量。以下是防治葡萄病虫害的减灾预案：

（1）花期同时出现灰霉病和霜霉病侵染花序。施用25%嘧菌酯可湿性粉剂1 500倍液+22%抑霉唑水乳剂（凡碧保）1 500倍液喷花序。

（2）霜霉病救灾。发现霜霉病的发病中心或霜霉病发生比较严重时连续使用3次杀菌剂，间隔不能超过5天。霜霉病的内吸性杀菌剂不要使用一种药剂，可按以下方案：30%代森锰锌悬浮剂（万保露）600倍液+50%烯酰吗啉水分散粒剂（金科克）2 000倍液；4天后用80%霜脲氰水分散粒剂2 000 ~ 2 500倍液；4 ~ 5天后用30%代森锰锌悬浮剂（万保露）600倍液+25%精甲霜灵可湿性粉剂2 500倍液。

（3）出现冰雹。8小时内施用40%氟硅唑乳油8 000倍液或40%苯醚甲环唑悬浮剂（汇优）3 000倍液+50%嘧菌酯·福美双可湿性粉剂1 500倍液。重点喷果穗和新枝条。

（4）发现果实腐烂比较普遍。摘袋，使用25%嘧菌酯悬浮剂1 500倍液+40%苯醚甲环唑悬浮剂（汇优）3 000倍液+22%抑霉唑水乳剂（凡碧保）1 500倍液，刷果穗；果穗上的药液干燥后，使用新果袋重新套袋。

（5）发现酸腐病。刚发生时尽快剪除疏去病果粒，并对病果穗进行处理（50%灭蝇胺悬浮剂1 000倍液或10%吡丙醚悬浮剂1 200倍液）；剪除的病果穗不能留在田间，收集在一起并处理；田间有大量醋蝇存在的果园，整园使用杀虫剂或在没有风的晴天时进行熏蒸处理，并对果穗进行处理。

（6）连续阴雨，没有办法使用药剂，并且田间发现霜霉病发病中心。可以在雨停的间歇使用药剂（只要有2 ~ 3小时停止雨水的间歇，可以带雨水水珠使用药剂）：50%烯酰吗啉水分散粒剂2 000 ~ 3 000倍液（或其他没有抗药性的霜霉病内吸性药剂），喷洒在有雨水的葡萄植株（发病中心及周围5米）上，作为连续阴雨的灾害应急措施。

主要参考文献

安瑞军，李秀辉，张继星，等，2004. 二斑叶螨生物学研究[J]. 内蒙古民族大学学报(自然科学版)，19(6): 642-643.

北京农业大学，等，1996. 果树昆虫学[M]. 北京：中国农业出版社.

彩万志，2001. 普通昆虫学[M]. 北京：中国农业大学出版社.

陈谦，温秀云，1994. 葡萄病虫害原色图谱[M]. 济南：山东科学技术出版社.

程国利，1995. 葡萄黑腐病[J]. 葡萄栽培与酿酒，73(2): 34.

丁锦华，苏建亚，2001. 农业昆虫学(南方本)[M]. 北京：中国农业出版社.

高运茹，张秋珍，闫庚戌，等，2003. 绿盲蝽在葡萄上的发生规律及防治技术[J]. 河北林业科技，6: 38.

郭文超，许建军，何江，等，2004. 新疆农作物和果树新害虫——白星花金龟[J]. 新疆农业科学，41(5): 322-323.

海涛，2008. 白星花金龟的综合防治技术[J]. 河北农业科技(9)：25.

韩熹莱，1993. 中国农业百科全书·农药卷[M]. 北京：农业出版社.

韩召军，杜相革，徐志宏，2001. 园艺昆虫学[M]. 北京：中国农业大学出版社.

郝敬喆，范咏梅，王惠卿，等，2007. 几种生物农药防治葡萄斑叶蝉的田间药效试验[J]. 新疆农业科学，44(4): 438-441.

郝彦俊，王锁牢，王剑，等，2004. 几种杀虫剂对葡萄斑叶蝉的防效[J]. 新疆农业科学，41(6): 458-460.

贺普超. 2001. 葡萄学[M]. 北京：中国农业出版社.

胡长效，苏新林，2002. 葡萄透翅蛾发生及防治研究进展[J].

植保技术与推广，22(8): 39-41.
黄娟，王向阳，夏风，等，2006. 葡萄叶蝉发生规律及测报方法[J]. 安徽农学通报，12(2): 123-124.
李照会，2002. 农业昆虫鉴定[M]. 北京：中国农业出版社.
李知行，2004. 葡萄病虫害防治[M]. 北京：金盾出版社.
刘建生，孙平，李居平，等，2000. 二斑叶蝉在葡萄上的发生为害与防治[J]. 山西果树（2）: 44.
刘亚，刘大勇，曹保芹，2004. 葡萄园绿盲蝽的发生与防治[J]. 中国果树，6: 40.
马昌平，黄勇军，曹守生，2002. 葡萄双棘长蠹的发生及防治[J]. 甘肃农业科技，4: 39.
马惠光，王斌，王亮，等，2003. 葡萄病虫害综合防治[J]. 新疆农业科技，S1: 45.
亓淑华，李建伟，2004. 无公害鲜食葡萄病虫害防治[J]. 黑龙江科技信息，12: 135.
沈淑琳，1991. 葡萄病虫害及其防治[M]. 北京：中国林业出版社.
沈阳农学院，1997. 蔬菜昆虫学[M]. 北京：中国农业出版社.
屠予钦，1992. 化学防治技术研究进展[M]. 乌鲁木齐：新疆科技卫生出版社.
屠豫钦，2008. 植物化学保护与农药应用工艺[M]. 北京：金盾出版社.
万四新，王凤霞，2004. 葡萄透翅蛾的监测预报及防治策略[J]. 河南林业科技，24（4）: 50-51.
王红梅，马瑞，郭久丞，2008. 葡萄病虫害防治技术[J]. 河北农业科技，7: 25-26.

吴安永,2007. 葡萄双棘长蠹在都柳江流域发生为害与防治[J]. 植物医生,20（1）: 17.

西北农业大学,1991. 农业昆虫学[M]. 北京: 农业出版社.

夏声广,2013. 葡萄病虫害防治原色生态图谱[M]. 北京: 中国农业出版社.

袁峰,2001. 农业昆虫学 [M]. 3版. 北京: 中国农业出版社.

袁会珠, 2003. 农药使用技术指南[M]. 北京: 化学工业出版社.

张翠疃,李大乱,2004. 葡萄病虫害防治彩色图谱——科技兴农奔小康丛书[M]. 北京: 中国农业出版社.

张明智,王惠卿,董胜利,等,2006. 葡萄粉蚧发生规律及防治研究初报[J]. 新疆农业科技,4: 28.

张乃芹,于凌春,李红梅,2007. 绿盲蝽在果树上的发生危害及综合防治[J]. 安徽农业科学,35(35)：11409-11410, 11431.

张一萍,2005. 葡萄病虫害诊断与防治原色图谱[M]. 北京: 金盾出版社.

赵奎华,2008. 葡萄病虫害原色图鉴[M]. 北京:中国农业出版社.

赵善欢,2006. 植物化学保护[M]. 3版. 北京:中国农业出版社.

CARTER-VISSCHERTW, 1970. *Veticillium* wilt of grape vine, anew recorder in New Zealand[J]. N. Z. J. Agric. Res,13: 359-361.

CRISTINZIO G, 1978. Gravi attacchi di *Botryosphaeria obtusa* su vite in provincia di Isernia[J]. Informatore Fitopatologico, 28: 21-23.

SCHNATHORNEST W C, GOHEEN A C, 1977. A wilt disease of grapevines (*Vitis vinifera*) in Califoria caused by *Verticillium dahliae*[J]. Plant Dis. Res, 61: 909-913.

SHOEMAKER R A, 1964. Conidial states of some *Botryosphaeria* species on *Vitis* and *Quercus*[J]. Can. J. Bot, 42: 1297-1301.